U0321164

高等职业教育"十二五"规划教材

动态网页设计项目教程

主　编　徐雪鹏
副主编　张红瑞
参　编　吕延岗　贾树生　刘云桥　贾永胜
　　　　冯秀彦　何利娟　王丽华　梁静坤
　　　　刘　毅　左爱敏
主　审　白会肖　王宏宇

机械工业出版社

本书围绕 ASP. NET 3.5 开发核心技术和 SQL Server 2008 数据库,以新闻发布系统开发作为项目案例,融合软件工程思想,系统地讲解了 Web 应用程序的开发过程。本书通过系统的需求分析、规划设计、数据库分析和设计、系统模块设计与实现和系统的编译与发布,将 ASP. NET 3.5 核心技术讲解融入到系统的开发过程中,最终完成新闻发布系统。本书采用任务驱动的方法,将系统分解成相对独立的项目,可以根据实际需要将具体模块设计应用于开发过程。

本书结构合理、思路清晰、图文并茂,可以作为高职高专院校软件技术、计算机网络技术等相关专业 ASP. NET 课程的教材,也可供从事 Web 程序设计相关工作的技术人员自学参考。

为方便教学,本书配有免费电子课件、思考与练习答案、模拟试卷及答案等,凡选用本书作为授课教材的学校,均可来电(010 – 88379564)或邮件(cmpqu@163.com)索取,有任何技术问题也可通过以上方式联系。

图书在版编目(CIP)数据

动态网页设计项目教程/徐雪鹏主编 . —北京:机械工业出版社,2014.1
高等职业教育"十二五"规划教材
ISBN 978 – 7 – 111 – 45198 – 3

Ⅰ. ①动… Ⅱ. ①徐… Ⅲ. ①网页制作工具 – 高等职业教育 – 教材 Ⅳ. ①TP393.092

中国版本图书馆 CIP 数据核字(2013)第 304402 号

机械工业出版社(北京市百万庄大街 22 号 邮政编码 100037)
策划编辑:曲世海 责任编辑:曲世海 冯睿娟
封面设计:赵颖喆 责任校对:李锦莉
责任印制:张 楠
北京京丰印刷厂印刷
2014 年 2 月第 1 版·第 1 次印刷
184mm×260mm · 15.5 印张 · 381 千字
0 001—3 000 册
标准书号:ISBN 978 – 7 – 111 – 45198 – 3
定价:33.00 元

前　言

ASP. NET 是微软新一代软件开发平台 Microsoft Visual Studio. NET 的重要组成部分，具有方便、灵活、开发效率高、安全性强、完整性强等特性，是目前主流的 Web 应用程序开发技术之一。

本书以企业典型案例——新闻发布系统为载体，采用任务驱动方式，按照企业软件开发的基本流程组织教学内容。通过完整的新闻发布系统前后台开发过程，使读者掌握如何开发功能完整、内容丰富的 Web 应用程序。

本书共分 13 个项目，36 个任务。项目 1 和项目 2 阐述了新闻发布系统的需求分析与规划设计、系统的数据库设计；项目 3 和项目 4 阐述了 ASP. NET Web 开发基础、ADO. NET 数据库编程基础；项目 5 ~ 项目 12 分模块阐述新闻发布系统的设计与实现，具体包括后台登录、后台管理主界面、新闻类别管理、新闻管理、个人信息管理、管理员管理、新闻发布系统用户控件、新闻分类展示等功能模块，将 ASP. NET 对象、Web 控件、数据绑定技术、AJAX 技术等核心技术合理分解到各个模块中进行讲解；项目 13 阐述了新闻发布系统发布、打包与安装。每个任务的设计按照任务描述→知识链接→任务实施→思考与练习的思路展示，实施"做中学，做中教"项目教学方式，将"教"与"学"有机结合起来，实现教、学、做一体。

本书由神州数码控股有限公司徐雪鹏统筹安排，项目 1 由刘毅编写，项目 2 由王丽华编写，项目 3 由刘云桥编写，项目 4 由吕延岗编写，项目 5 由贾永胜编写，项目 6 由何利娟编写，项目 7 由贾树生编写，项目 8 由冯秀彦编写，项目 9 ~ 项目 13 由张红瑞编写，附录由梁静坤编写，左爱敏参与了项目 13 的编写。全书由白会肖、王宏宇主审。

由于编者水平有限，加之编写时间仓促，书中难免存在错误和疏漏之处，希望广大读者批评指正。

编者

目　　录

前言
项目1　新闻发布系统的需求分析与
**　　　　规划设计** ·············· 1
　任务1　系统需求分析 ··········· 1
　　教学目标 ··················· 1
　　任务描述 ··················· 1
　　知识链接 ··················· 1
　　　一、新闻发布系统的应用背景 ··· 1
　　　二、系统架构 ·············· 1
　　　三、系统的功能描述 ········· 2
　　思考与练习 ·················· 2
　任务2　系统规划与设计 ········· 2
　　教学目标 ··················· 2
　　任务描述 ··················· 3
　　知识链接 ··················· 3
　　　一、Visio ················· 3
　　　二、系统的功能模块划分 ····· 3
　　　三、系统流程图 ············ 3
　　思考与练习 ·················· 5
项目2　新闻发布系统的数据库设计 ····· 6
　任务1　数据库结构分析 ········· 6
　　教学目标 ··················· 6
　　任务描述 ··················· 6
　　知识链接 ··················· 6
　　　一、需求分析 ·············· 6
　　　二、概念结构设计 ··········· 6
　　　三、逻辑结构设计 ··········· 7
　　　四、物理结构设计 ··········· 9
　　　五、数据库的实施 ··········· 9
　　思考与练习 ·················· 9
　任务2　使用 SQL Server 设计数据库 ··· 9
　　教学目标 ··················· 9
　　任务描述 ··················· 9
　　知识链接 ··················· 9
　　　一、SQL Server 2008 的数据库 ··· 9
　　　二、SQL Server 2008 的表 ···· 10
　　　三、SQL Server 2008 的存储过程 ··· 10

　　　四、SQL Server 2008 的登录模式 ········ 10
　　任务实施 ·················· 11
　　　一、创建数据库 ············ 11
　　　二、创建数据表 ············ 11
　　　三、创建存储过程 ··········· 13
　　　四、分离和附加数据库 ······· 14
　　思考与练习 ················· 15
项目3　创建 ASP. NET Web
**　　　　应用程序** ············· 16
　任务1　认识 ASP. NET ·········· 16
　　教学目标 ·················· 16
　　任务描述 ·················· 16
　　知识链接 ·················· 16
　　　一、. NET 框架 ············· 16
　　　二、ASP. NET ·············· 17
　　思考与练习 ················· 18
　任务2　了解 Visual Studio 2008 集成
　　　　　开发环境 ············· 18
　　教学目标 ·················· 18
　　任务描述 ·················· 18
　　知识链接 ·················· 18
　　　一、Visual Studio 2008 的安装 ··· 18
　　　二、Visual Studio 2008 的特性 ··· 22
　　　三、初识 Visual Studio 2008 集成
　　　　　开发环境 ············· 23
　　思考与练习 ················· 26
　任务3　创建新闻发布系统项目 ···· 27
　　教学目标 ·················· 27
　　任务描述 ·················· 27
　　任务实施 ·················· 27
　　　一、创建 Web 应用程序 ······ 27
　　　二、常用的文件及文件夹 ····· 28
　　　三、事件驱动机制 ··········· 29
　　思考与练习 ················· 30
项目4　ADO. NET 数据库编程 ·········· 31
　任务1　了解 ADO. NET ·········· 31
　　教学目标 ·················· 31

任务描述 …………………… 31
知识链接 …………………… 31
　一、ADO. NET 简介 ………… 31
　二、ADO. NET 体系结构 ……… 32
思考与练习 ………………… 33
任务2　使用 ADO. NET 对象实现
　　　　数据操作 ……………… 33
教学目标 …………………… 33
任务描述 …………………… 33
知识链接 …………………… 33
　一、Connection 对象 ………… 33
　二、Command 对象 …………… 35
　三、相关 Web 控件 …………… 38
　四、Page 对象 ……………… 39
任务实施 …………………… 40
　一、创建窗体文件 …………… 40
　二、在窗体文件中添加控件，
　　　实现页面布局 …………… 41
　三、添加代码实现管理员的
　　　添加功能 ………………… 41
思考与练习 ………………… 44
任务3　使用 ADO. NET 对象获取可
　　　　读写数据 ……………… 44
教学目标 …………………… 44
任务描述 …………………… 44
知识链接 …………………… 45
　一、DataSet 对象 …………… 45
　二、DataAdapter 对象 ……… 46
　三、数据绑定控件 …………… 48
　四、GridView 控件 …………… 49
任务实施 …………………… 50
　一、添加控件，实现页面布局 … 50
　二、编写代码，实现程序功能 … 51
思考与练习 ………………… 53
任务4　数据库访问常用方法封装 … 53
教学目标 …………………… 53
任务描述 …………………… 53
知识链接 …………………… 54
　一、系统配置文件 web. config … 54
　二、应用程序文件夹 App_ Code … 57
任务实施 …………………… 58
　一、添加节点保存连接字符串 … 58
　二、创建类库文件 …………… 58

思考与练习 ………………… 61
项目5　后台登录模块的设计与实现 … 62
任务1　后台登录界面设计 ……… 62
教学目标 …………………… 62
任务描述 …………………… 62
知识链接 …………………… 62
　一、CSS 层叠样式表 ………… 62
　二、App _ Themes 文件夹 …… 64
　三、Response 对象 …………… 67
　四、验证码 …………………… 69
　五、ImageButton 控件 ……… 69
任务实施 …………………… 69
　一、创建管理员登录窗体文件，
　　　实现页面布局 …………… 69
　二、验证码文件 ……………… 70
　三、添加控件，并进行属性设置 … 71
思考与练习 ………………… 72
任务2　后台登录功能的实现 …… 72
教学目标 …………………… 72
任务描述 …………………… 72
知识链接 …………………… 73
　一、验证控件 ………………… 73
　二、Session 对象 …………… 74
　三、Parameter 对象 ………… 75
　四、RegisterStartupScript 与 RegisterClient-
　　　ScriptBlock …………… 76
任务实施 …………………… 77
　一、创建存储过程，实现管理员
　　　身份验证 ………………… 77
　二、设置页面首次加载时的光标
　　　定位 ……………………… 77
　三、添加代码实现管理员登录功能 … 77
思考与练习 ………………… 79
项目6　后台管理主界面的
　　　　设计与实现 …………… 80
任务1　后台框架页设计 ………… 80
教学目标 …………………… 80
任务描述 …………………… 80
知识链接 …………………… 81
　一、框架介绍 ………………… 81
　二、frameset 标签 …………… 81
　三、frame 标签 ……………… 82

任务实施 ……………………… 82
  一、在 Web 应用程序中添加
    MyIndex. asp 页面 …………… 82
  二、添加 MyIndex. asp 页面的后置
    代码 ……………………… 83
思考与练习 …………………… 83
任务 2　顶部区域的设计与实现 …… 83
教学目标 ……………………… 83
任务描述 ……………………… 83
知识链接 ……………………… 83
  Image 控件 ……………………… 83
任务实施 ……………………… 84
  一、创建顶部窗体文件，实现页面
    布局 ……………………… 84
  二、添加顶部窗体文件的后置代码 … 86
思考与练习 …………………… 87
任务 3　左侧权限导航区域的设计与
    实现 ……………………… 87
教学目标 ……………………… 87
任务描述 ……………………… 87
知识链接 ……………………… 87
  一、TreeView 控件概述 ………… 87
  二、TreeView 控件的常用属性 … 88
  三、TreeView 控件的常用事件和方法 … 88
  四、TreeNode 节点的常用属性 … 88
任务实施 ……………………… 89
  一、创建左侧导航窗体文件，实现
    页面布局 ………………… 89
  二、添加左侧窗体文件的后置代码 … 91
思考与练习 …………………… 92
任务 4　主体区域的设计与实现 …… 92
教学目标 ……………………… 92
任务描述 ……………………… 92
知识链接 ……………………… 93
  一、Request 对象 ……………… 93
  二、Server 对象 ………………… 93
任务实施 ……………………… 94
  一、创建主体窗体文件，实现页面
    布局 ……………………… 94
  二、添加主体窗体文件的后置代码 … 96
思考与练习 …………………… 97
项目 7　新闻类别管理的设计与实现 …… 98
任务 1　新闻大类添加功能的设计与

实现 ……………………… 98
教学目标 ……………………… 98
任务描述 ……………………… 98
知识链接 ……………………… 99
  一、RadioButtonList 控件 ……… 99
  二、验证控件 …………………… 100
  三、AJAX 技术 ………………… 101
任务实施 ……………………… 103
  一、添加控件，并进行属性设置 … 103
  二、新闻大类添加功能实现 …… 104
思考与练习 …………………… 107
任务 2　新闻大类管理功能的设计与
    实现 ……………………… 107
教学目标 ……………………… 107
任务描述 ……………………… 107
知识链接 ……………………… 108
  一、GridView 控件常用的样式属性 …… 108
  二、GridView 控件常用的属性 … 109
  三、GridView 控件常用的事件 … 109
  四、GridView 控件的数据编辑、
    删除功能 ………………… 110
任务实施 ……………………… 111
  一、添加 GridView 控件，并进行
    属性设置 ………………… 111
  二、新闻大类管理功能实现 …… 111
思考与练习 …………………… 115
任务 3　新闻小类管理功能的设计与
    实现 ……………………… 115
教学目标 ……………………… 115
任务描述 ……………………… 115
知识链接 ……………………… 117
  一、多表查询 …………………… 117
  二、DropDownList 控件 ………… 117
  三、GridView 控件列模板 ……… 118
  四、数据绑定 …………………… 119
  五、JavaScript 客户端提示确认 … 120
任务实施 ……………………… 120
  一、添加 GridView 控件，并进行
    属性设置 ………………… 120
  二、新闻小类管理功能实现 …… 123
思考与练习 …………………… 125
项目 8　新闻管理模块的设计与实现 … 126
任务 1　新闻发布功能的设计与实现 ……… 126

教学目标 ………………………… 126
任务描述 ………………………… 126
知识链接 ………………………… 126
　一、下载工具包 ………………… 126
　二、配置文本编辑器 …………… 126
任务实施 ………………………… 128
　一、添加控件，并进行属性设置 … 129
　二、实现新闻发布功能 ………… 130
思考与练习 ……………………… 133
任务 2　新闻管理功能的设计与实现 … 133
教学目标 ………………………… 133
任务描述 ………………………… 133
知识链接 ………………………… 135
　一、DetailsView 控件简介 ……… 135
　二、DetailsView 控件的常用属性 … 135
　三、DetailsView 控件的样式和模板 … 136
　四、DetailsView 控件常用事件/方法 … 137
　五、DetailsView 控件的可视化设置 … 137
任务实施 ………………………… 140
　一、添加 DetailsView 控件，并进行
　　　属性设置 …………………… 140
　二、新闻管理功能实现 ………… 144
思考与练习 ……………………… 149

项目 9　个人信息管理模块的
　　　　设计与实现 ……………… 150
任务 1　密码修改功能的设计与实现 … 150
教学目标 ………………………… 150
任务描述 ………………………… 150
知识链接 ………………………… 151
　一、Request 对象 ……………… 151
　二、TextBox 控件 ……………… 151
任务实施 ………………………… 151
任务 2　其他个人信息管理功能的
　　　　设计与实现 ……………… 151
教学目标 ………………………… 151
任务描述 ………………………… 152
知识链接 ………………………… 153
　Calendar 控件 ………………… 153
任务实施 ………………………… 153

项目 10　管理员管理模块的
　　　　　设计与实现 …………… 154
任务 1　管理员添加功能的设计与实现 … 154

教学目标 ………………………… 154
任务描述 ………………………… 154
任务实施 ………………………… 155
任务 2　管理员管理功能的设计与实现 … 155
教学目标 ………………………… 155
任务描述 ………………………… 155
知识链接 ………………………… 155
　一、封装处理数据的方法 ……… 155
　二、绑定数据 …………………… 156
任务实施 ………………………… 156

项目 11　新闻发布系统用户控件的
　　　　　设计与实现 …………… 157
任务 1　新闻类别导航的设计与实现 … 157
教学目标 ………………………… 157
任务描述 ………………………… 157
知识链接 ………………………… 158
　一、LinkButton 控件 …………… 158
　二、DataList 控件 ……………… 158
　三、用户控件 …………………… 160
任务实施 ………………………… 161
　一、创建用户控件 ……………… 161
　二、界面与功能实现 …………… 162
思考与练习 ……………………… 165
任务 2　新闻搜索功能的设计与实现 … 165
教学目标 ………………………… 165
任务描述 ………………………… 165
知识链接 ………………………… 166
　Response 对象 ………………… 166
任务实施 ………………………… 166
　一、新闻搜索控件界面设计 …… 166
　二、编写代码实现功能 ………… 167
　三、使用新闻搜索控件 ………… 168
思考与练习 ……………………… 168
任务 3　图片新闻展示功能的
　　　　设计与实现 ……………… 169
教学目标 ………………………… 169
任务描述 ………………………… 169
知识链接 ………………………… 170
　Request 对象 …………………… 170
任务实施 ………………………… 170
　一、通用类设计 ………………… 170
　二、图片新闻展示用户控件的
　　　界面设计 …………………… 172

三、编码代码实现功能 ……………… 175
　思考与练习 …………………………… 177
项目 12　新闻分类展示模块的
　　　　　设计与实现 ……………… 178
　任务 1　系统前台整体架构设计 ……… 178
　　教学目标 ………………………………… 178
　　任务描述 ………………………………… 178
　　知识链接 ………………………………… 178
　　一、母版页 …………………………… 178
　　二、内容页 …………………………… 180
　　三、运行机制 ………………………… 181
　　任务实施 ………………………………… 181
　　一、创建母版页 ……………………… 181
　　二、设计母版页 ……………………… 182
　　三、创建内容页 ……………………… 184
　　思考与练习 ……………………………… 185
　任务 2　三大类新闻列表展示功能的
　　　　　设计与实现 ………………… 185
　　教学目标 ………………………………… 185
　　任务描述 ………………………………… 185
　　知识链接 ………………………………… 186
　　GridView 控件 HyperLinkField 列 …… 186
　　任务实施 ………………………………… 186
　　一、"最新新闻"界面设计 ………… 186
　　二、"最新新闻"展示功能实现 …… 189
　　思考与练习 ……………………………… 190
　任务 3　新闻内容展示功能的设
　　　　　计与实现 …………………… 190
　　教学目标 ………………………………… 190
　　任务描述 ………………………………… 190
　　知识链接 ………………………………… 191
　　一、Repeater 控件概述 ……………… 191
　　二、Repeater 控件模板 ……………… 191
　　任务实施 ………………………………… 192
　　一、新闻内容展示界面设计 ………… 192
　　二、新闻内容展示功能实现 ………… 193
　　思考与练习 ……………………………… 194
　任务 4　新闻按类别分类展示功能的
　　　　　设计与实现 ………………… 194
　　教学目标 ………………………………… 194
　　任务描述 ………………………………… 194
　　知识链接 ………………………………… 195

　　一、Table 控件概述 ………………… 195
　　二、Table 控件常用属性 …………… 196
　　任务实施 ………………………………… 197
　　一、新闻按类别分类展示界面设计 … 197
　　二、新闻按类别分类展示功能实现 … 197
　　思考与练习 ……………………………… 201
　任务 5　更多图片新闻展示功能的设
　　　　　计与实现 …………………… 201
　　教学目标 ………………………………… 201
　　任务描述 ………………………………… 201
　　知识链接 ………………………………… 201
　　一、PagedDataSource 类概述 ……… 201
　　二、PagedDataSource 类常用属性 … 201
　　任务实施 ………………………………… 202
　　一、更多图片新闻展示界面设计 …… 202
　　二、编写代码实现功能 ……………… 205
　　思考与练习 ……………………………… 208
项目 13　新闻发布系统的发布、
　　　　　打包与安装 ……………… 209
　任务 1　系统编译与发布 ……………… 209
　　教学目标 ………………………………… 209
　　任务描述 ………………………………… 209
　　知识链接 ………………………………… 209
　　编译 ASP. NET 程序 ………………… 209
　　任务实施 ………………………………… 210
　　一、发布网站 ………………………… 210
　　二、安装 IIS ………………………… 211
　　三、为 IIS 注册 ASP. NET 应用程序的
　　　　脚本映射 …………………… 211
　　四、配置 IIS 服务器 ………………… 212
　　思考与练习 ……………………………… 217
　任务 2　打包和安装 …………………… 217
　　教学目标 ………………………………… 217
　　任务描述 ………………………………… 217
　　任务实施 ………………………………… 218
　　一、使用 Visual Studio 2008 发布
　　　　Web 应用程序 ………………… 218
　　二、创建安装项目 …………………… 220
　　思考与练习 ……………………………… 221
附录　C#程序基础 …………………… 222
参考文献 ……………………………………… 238

项目1　新闻发布系统的需求分析与规划设计

随着互联网（Internet）的迅猛发展，新闻的传播方式已经发生了巨大变化。与传统的信息传播媒体相比，新闻发布系统具有信息量大、内容丰富、信息及时准确、平台维护管理方便等诸多优点。因此，它已经成为人们生活工作中获取新闻信息不可或缺的重要途径。

任务1　系统需求分析

教学目标

◆了解新闻发布系统的应用背景。
◆了解 B/S 架构。
◆通过对新闻发布系统进行需求分析，得到系统要实现的主要功能。

任务描述

本次任务将主要介绍新闻发布系统的应用背景，并描述系统要实现的功能，使读者在了解新闻发布系统的应用背景下学会分析系统的各项功能，为进一步进行系统设计打下基础。

知识链接

一、新闻发布系统的应用背景

新闻发布系统是各大信息类网站的重要组成部分，它一方面为网站管理者提供了新闻发布的平台，另一方面为用户提供了及时获取最新新闻的窗口。使用新闻发布系统可以使新闻发布和管理变得很轻松，管理者可以发布、管理各种新闻，如图片新闻、国内新闻、军事新闻等；普通用户即浏览者，可以浏览各类新闻，并根据自己的兴趣在系统内进行新闻搜索。

本书以新闻发布系统建设为例，采用项目教学模式展开动态网站建设相关知识和技能的介绍。

二、系统架构

系统需求分析的主要任务是在前期调查研究基础上，明确用户的各种需求，进而确定系统的功能。

新闻发布系统基于 B/S（Browser/Server，浏览器/服务器）架构开发，实现新闻的浏览、搜索、展示、管理及新闻类别的管理和用户管理等功能。在 B/S 架构下，数据和程序分别位于数据库服务器和 Web 服务器，客户端上只需安装通用浏览器，如 IE、Firefox 等。客户端通过 Internet 向 Web 服务器提出请求，Web 浏览器接收用户请求，解析服务器脚本，并借助 ADO. NET 技术，通过 SQL 命令等方式向数据库服务器提出数据处理请求，获取数据后以 HTML 格式传送给 Web 浏览器。B/S 架构如图 1-1 所示。

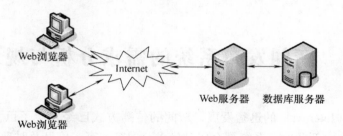

图 1-1　B/S 架构

三、系统的功能描述

根据系统需求分析总结出该系统要实现的功能有：新闻类别管理、新闻发布、新闻信息管理、新闻搜索、管理员管理等。具体描述如下：

1. 新闻类别管理

1）新闻类别的录入，包括新闻大类类别编号和类别名称、新闻小类类别编号和类别名称等信息。

2）新闻类别的修改，用于修改新闻类别的名称。

3）新闻类别的删除，根据新闻类别编号删除新闻类别。

2. 新闻发布

基本新闻信息的发布，包括新闻标题、新闻内容、所属类别、发布时间和点击次数等信息。

3. 新闻信息管理

1）新闻信息的修改。

2）新闻信息的删除，根据新闻编号删除新闻。

4. 新闻搜索

1）按照新闻标题搜索并分页显示新闻。

2）按照新闻内容搜索并分页显示新闻。

3）按照新闻的发布时间搜索并分页显示新闻。

5. 管理员管理

1）管理员信息的添加，包括管理员的登录帐号、登入密码、邮箱等个人信息。

2）管理员信息的修改，包括修改登录密码和修改其他个人信息。

3）管理员信息的删除。

 思考与练习

1. 阐述 B/S 架构的执行过程。

2. 描述新闻发布系统的主要功能。

任务 2　系统规划与设计

 教学目标

◆会规划、设计系统的各个功能模块。

◆会使用绘图工具绘制系统的功能模块图和系统流程图。

 任务描述

系统的规划和设计是进行系统编码的依据，本次任务将根据系统需求，设计出系统的各个功能模块，画出系统的主要流程图。

 知识链接

一、Visio

Microsoft Visio 是一种操作简单的用于制作图表的软件。使用该软件可以制作流程图、Web 图表、框图、各类软件图、各类网络图、电气工程图、机械工程图、业务进程图等，使用 Visio 提供的形状制作的专业、美观的图表可直接插入到文档中，也可以导出存储为位图、矢量图、网页、AutoCAD 等格式方便共享。

现以 Microsoft Office Visio 2003 为例来创建各类图表。成功安装 Microsoft Office Visio 2003 后，依次选择【开始】->【Microsoft Office】->【Microsoft Office Visio 2003】打开【选择绘制类型】窗口，如图 1-2 所示。选择绘图类别为【流程图】中的【基本流程图】，然后便可使用软件提供的形状绘制系统功能模块图和系统流程图。

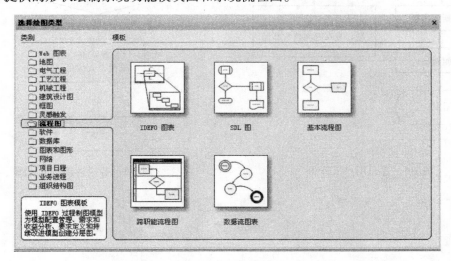

图1-2　【选择绘制类型】窗口

二、系统的功能模块划分

根据任务 1 的功能描述，对新闻发布系统进行模块划分，如图 1-3 所示。

前台功能模块包括新闻类别导航、新闻浏览、新闻搜索、新闻分类展示四部分。后台功能模块分为新闻类别管理、新闻管理和管理员管理三部分，新闻类别管理包括新闻小类管理和新闻大类管理，新闻管理包括新闻发布和新闻信息管理，管理员管理包括添加管理员和管理员信息管理。

三、系统流程图

根据系统模块的划分，设计出系统的主要流程图，包括普通用户流程图、普通管理员流程图和超级管理员流程图，具体如图 1-4、图 1-5、图 1-6 所示。

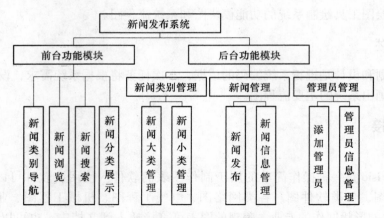

图 1-3　新闻发布系统功能模块图

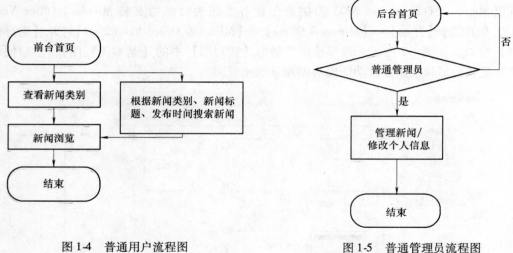

图 1-4　普通用户流程图　　　　　　　　图 1-5　普通管理员流程图

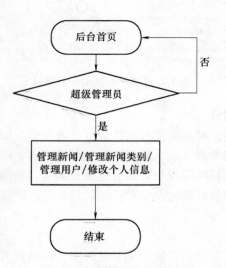

图 1-6　超级管理员流程图

思考与练习

1. 从网上搜索新闻发布系统,了解并分析系统的需求。
2. 使用绘图工具(如 Visio)绘制系统流程图。
3. 阐述新闻发布系统各个模块的功能。

项目2　新闻发布系统的数据库设计

为使 Web 应用程序管理者方便地进行网站的动态维护与管理，需要合理地组织、分析与系统相关的数据，将系统数据存储在数据库中。数据库设计是 Web 应用程序开发的基础，数据库设计的质量直接影响到数据的存储与访问。

任务1　数据库结构分析

教学目标

◆了解数据库各个设计阶段的任务。

◆会使用绘图工具绘制系统 E-R 图。

任务描述

新闻发布系统使用数据库来存储数据，因此数据库的合理设计在整个系统设计中占有十分重要的地位。数据库设计一般包括需求分析、概念结构设计、逻辑结构设计、物理结构设计、实施、运行与维护六个阶段。本次任务主要对前五个阶段展开说明，第六个阶段需要数据库管理员在数据库的使用中进行维护和管理，这里不展开论述。

知识链接

一、需求分析

数据库的需求分析是在对用户需求进行充分调查与分析的基础上，明确用户对系统的需求，包括数据需求和围绕这些数据的业务需求，即用户需要数据库存储什么样的数据，需要从数据库获取什么样的数据，以及这些数据之间的相互关系。

通过"项目1"中系统功能分析，归纳出以下需求信息：

1）本系统的用户分为普通用户、普通管理员和超级管理员。

2）普通用户通过浏览器进入网站前台，从而浏览新闻。

3）普通管理员只具有新闻管理和个人信息管理功能，具体包括新闻发布和新闻信息管理功能，修改登录密码和修改其他个人信息功能。

4）超级管理员拥有最高的管理权限，可以实现新闻管理、新闻类别管理、用户管理，具体包括新闻发布、新闻信息管理、添加新闻大类、新闻大类管理、添加新闻小类、新闻小类管理、添加管理员、管理员管理、修改登录密码和修改其他个人信息等所有的管理功能。

二、概念结构设计

概念结构设计阶段是整个数据库设计的关键，其任务是通过对用户需求进行综合、归纳与抽象，形成一个独立于具体数据库管理系统的概念模型。概念结构设计方法中最实用的为"实体-联系法"（Entity-Relationship Approach，E-R 方法），用该方法可设计得到系统的"实体-联系图"即 E-R 图。

　　根据以上需求分析设计出系统的实体包括新闻大类实体、新闻小类实体、新闻实体和管理员实体。上述各实体的 E-R 图如图 2-1 ~ 图 2-4 所示。

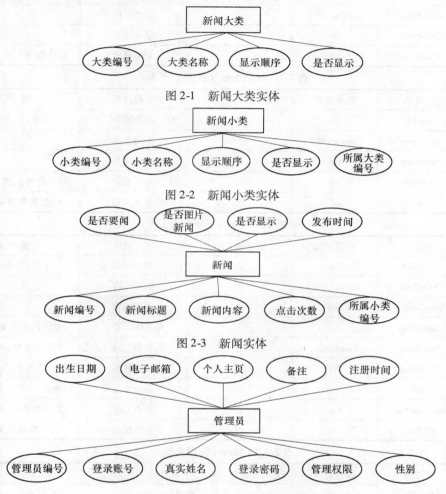

图 2-1　新闻大类实体

图 2-2　新闻小类实体

图 2-3　新闻实体

图 2-4　管理员实体

　　上述主要实体之间关系对应的 E-R 图如图 2-5 所示。

三、逻辑结构设计

　　逻辑结构设计阶段的任务就是把上述概念模型转换为某种数据库管理系统（Database Management System, DBMS）所支持的逻辑模型。常见的逻辑模型包括层次模型、网状模型和关系模型。其中，关系模型是当前最重要、最常用的逻辑模型。从用户角度看，每个关系模型的数据结构就是一张二维表。本次任务，我们使用 SQL Server 2008 数据库管理系统将概念模型转换成对应的逻辑模型——二维表。

　　数据库中各个实体对应的二维表见表 2-1 ~ 表 2-4。

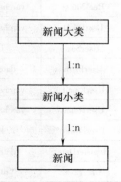

图 2-5　主要实体之间关系的 E-R 图

表 2-1　MainClass（新闻大类表）

序号	字段名	数据类型	是否允许空	字段说明	键/约束
1	ClassID	int	否	大类编号	主键,自动标志列
2	ClassName	varchar(50)	否	大类名称	
3	ClassOrder	int	否	显示序号	
4	ClassFlag	bit	否	是否显示	默认值为1,表示"显示"

表 2-2　SubClass（新闻小类表）

序号	字段名	数据类型	是否允许空	字段说明	键/约束
1	SubID	int	否	小类编号	主键,自动标志列
2	SubName	varchar(50)	否	小类名称	
3	SubOrder	int	否	显示序号	
4	SubFlag	bit	否	是否显示	默认值为1,表示"显示"
5	ClassID	int	否	所属大类编号	外键,来自 MainClass 表

表 2-3　News（新闻表）

序号	字段名	数据类型	是否允许空	字段说明	键/约束
1	NewsID	int	否	新闻编号	主键,自动标志列
2	NewsTitle	varchar(100)	否	新闻标题	
3	NewsContent	text	否	新闻内容	
4	ImageFlag	bit	否	是否图片新闻	默认值为0,表示"否"
5	NewsDate	datetime	否	发布时间	默认值为 getdate()
6	NewsFlag	bit	否	是否显示	默认值为1,表示"显示"
7	SubID	int	否	所属小类编号	外键,来自 SubClass 表
8	ImportantFlag	bit	否	是否要闻	默认值为0,表示"否"
9	HitNum	int	否	点击次数	默认值为0

表 2-4　Users（管理员表）

序号	字段名	数据类型	是否允许空	字段说明	键/约束
1	UserID	int	否	管理员编号	主键,自动标志列
2	UserName	varchar(20)	否	登录账号	
3	RealName	varchar(20)	是	真实姓名	
4	UserPWD	varchar(20)	否	登录密码	
5	UserSex	bit	是	性别	默认值为1,表示"男"
6	UserBirth	datetime	是	出生日期	默认值为"1990-1-1"
7	UserEmail	varchar(50)	是	电子邮箱	
8	UserHome	varchar(50)	是	个人主页	
9	UserPower	bit	是	管理权限	默认值为0,表示"普通管理员"
10	RegisterDate	datetime	是	注册日期	默认值为 getdate()
11	UserElse	ntext	是	备注	

四、物理结构设计

数据库的物理结构设计是指将数据库的逻辑结构在指定的 DBMS 上建立起适合应用环境的物理结构，如需要综合考虑存取时间、存储空间利用率和维护代价三方面来确定数据的存储结构，确定是否需要建立索引及如何建立索引，考虑将数据的易变部分与稳定部分、经常存取部分和存取频率较低部分分开存放以及是否需要修改 DBMS 的配置参数，以提高系统的性能等因素。

本系统无需对 DBMS 做特殊处理，但为了提高新闻查询速度，需要在新闻表的 NewsTitle 字段上创建非唯一索引。

五、数据库的实施

数据库实施阶段即运用 DBMS 提供的数据语言、工具及宿主语言，根据逻辑结构和物理结构设计的结果建立数据库，组织数据入库，编写、调试应用程序，并进行程序的试运行。这里将应用程序的编写放在后续每个项目中进行讲解。

 思考与练习

1. 使用绘图工具绘制新闻发布系统的 E-R 图。
2. 分析新闻发布系统数据库的各个实体之间的关系。

任务 2　使用 SQL Server 设计数据库

 教学目标

◆会使用 SQL Server 设计数据库和数据库对象。
◆会使用 SQL Server 完成数据库的实施。

 任务描述

SQL Server 2008 是由 Microsoft 公司推出的一款功能丰富的关系型数据库管理系统。SQL Server 2008 的功能组件主要包括 Database Engine（数据库引擎）、Integration Services（集成服务）、Analysis Services（分析服务）、Reporting Services（报表服务）等，分别用于数据存储、数据转化和集成、数据处理和输出、报表的创建、管理和部署。相对于早期版本，SQL Server 2008 增加了如下新特性：支持简单的数据加密，加强了外键管理，增强了审查，改进了数据库镜像，加强了可支持性、扩展了热添加 CPU 等。本次任务通过 SQL Server 2008 来创建数据库和数据库对象，并设置数据库服务器的登录模式。

 知识链接

一、SQL Server 2008 的数据库

SQL Server 2008 包含两类数据库：系统数据库和用户数据库。

1）系统数据库存储有关 SQL Server 2008 的系统信息，是 SQL Server 2008 管理数据库的依据，其一旦被破坏，SQL Server 2008 将无法正常启动。安装 SQL Server 2008 后，系统会创建 4 个可见的系统数据库：master、model、msdb 和 tempdb。

　　其中，master 数据库记录 SQL Server 2008 的所有系统级信息，包括登录账号、系统配置、其他系统数据库和用户数据库的信息，数据库的位置及数据库错误信息等。model 数据库为新创建的用户数据库和 tempdb 数据库提供模板。当创建用户数据库时，系统会将 model 数据库中的内容复制到新建的数据库中，而一旦修改了 model 数据库，之后创建的所有数据库都将继承这些修改。msdb 数据库为 "SQL Server 代理" 调度信息和作业记录提供存储空间。tempdb 数据库为创建的临时用户对象如临时表、临时存储过程、表变量和游标等提供存储空间。

　　2）用户数据库即用户为了开发应用程序而使用 SQL Server 2008 创建的数据库，如本书中用到的 dbWebNews 数据库。

　　SQL Server 2008 数据库文件分为数据文件和日志文件。

　　1）数据文件用于存储数据和对象，如数据表、索引、视图和触发器等。数据文件又可以进一步分为主要数据文件和次要数据文件。主要数据文件是数据库的关键文件，包含了数据库的启动信息和全部或部分数据，一个数据库有且只有一个主要数据文件，其扩展名为 . mdf。次要数据文件用于存储未包含在主要数据文件内的其他数据，其扩展名为 . ndf。次要数据文件是可选的，根据具体情况，一个数据库可以创建多个次要数据文件，也可以不创建次要数据文件。

　　2）日志文件用于存储恢复数据库所需的事务日志信息，每个数据库至少有一个日志文件，日志文件的扩展名为 . ldf。本系统创建的 dbWebNews 数据库包含有一个主要数据文件 dbNews. mdf 和一个日志文件 dbNews _ log. ldf。

二、SQL Server 2008 的表

　　表是 SQL Server 2008 数据库中最重要的数据对象，数据在表中按行和列的格式组织排列，类似于 Excel 电子表格。每一行代表一条唯一的记录，每一列代表记录中的一个字段或域。每个表中通常都有一个主关键字，又称为主键（Primary Key），用于唯一标志一条记录。dbWebNews 数据库中的各个表的结构请参见表 2-1 ~ 表 2-4。

三、SQL Server 2008 的存储过程

　　存储过程（Stored Procedure）是经编译后存储在 SQL Server 服务器端，具有特定功能的 T-SQL 语句集，用户可以像使用函数一样来调用存储过程。存储过程的合理使用可以实现模块化程序设计、提高应用程序的安全性和减少网络通信流量。SQL Server 2008 包括三种存储过程：用户自定义存储过程、扩展存储过程和系统存储过程。鉴于存储过程在新闻发布系统中的应用，本书仅对用户自定义存储过程做介绍，其他存储过程的详细介绍读者可以参考数据库相关书籍。

　　创建用户自定义存储过程时，需要确定存储过程的三个组成部分：

　　1）所有输入（Input）参数和向调用过程返回的输出（Output）参数。

　　2）执行数据库操作的语句，其中可以包括调用其他存储过程的语句。

　　3）返回给调用过程的状态值，以表明调用是成功还是失败。

　　因此，存储过程也分为以下几种类型：不带参数的存储过程、带输入参数的存储过程、带输出参数的存储过程、带返回值的存储过程以及这几种情况的组合。【任务实施】部分将以 "管理员身份验证" 功能为例介绍存储过程的应用。

四、SQL Server 2008 的登录模式

　　SQL Server 2008 的登录模式是指服务器如何验证访问者的身份，SQL Server 2008 支持两种身份验证模式：Windows 身份验证模式和混合身份验证模式。

　　Windows 身份验证模式下，SQL Server 2008 依赖操作系统本身的登录安全机制，当用户以 Windows 账号登录时，无需输入密码即可进入 SQL Server 2008。该模式的优点是数据库管理员可以把工作重心集中在数据库管理方面，而不是账号的管理，提高了工作效率。另外，相对于 SQL Server 2008，Windows 具有更强大的用户账号管理功能，诸如口令加密、审核、最小口令长度和账号锁定等功能。

　　混合身份验证模式下，SQL Server 2008 采用 Windows 身份验证和 SQL Server 身份验证模式联合进行验证。这种情况下，用户需要输入登录名和密码，SQL Server 2008 验证登录名和密码是否与系统表 syslogins 中存在的信息匹配，如果匹配则允许登录，否则拒绝登录。该模式的优点是创建了操作系统之外的另一个安全层次，并且允许任何 Windows 用户或 Internet 用户获得 SQL Server 2008 的访问权。其中，sa 是 SQL Server 2008 内置的最高级别的账户，具有对所有数据库对象的访问和管理权限。本书中的新闻发布系统即使用 sa 账号登录，密码为 sa123。

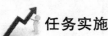

任务实施

一、创建数据库

　　首先，在 E 盘目录下建立 Data 文件夹，用于存放数据库文件。创建数据库的具体步骤如下：

　　1）启动【SQL Server Management Studio】，进入 SQL Server Management Studio 主界面；在【对象资源管理器】窗口右键单击【数据库】节点，在弹出的快捷菜单中选择【新建数据库】命令，如图 2-6 所示，系统将打开【新建数据库】窗口。

　　2）【新建数据库】窗口默认打开的是【常规】选项卡；在【数据库名称】对应的文本框中输入我们要创建的数据库名称 dbWeb-News，选择【路径】为"E:\Data"，如图 2-7 所示。其他选项默认，单击【确定】按钮，数据库 dbWebNews 创建成功。

图 2-6　选择【新建数据库】命令

二、创建数据表

　　这里以创建 News（新闻表）为例来介绍创建表的过程，其他表的创建与 News 表类似，此处不再一一赘述。

　　News 表的结构可参见表 2-3，创建 News 表的具体步骤如下：

　　1）展开【dbWebNews】节点，右键单击【表】节点，在弹出的快捷菜单中选择【新建表】命令，如图 2-8 所示，系统即可打开【新建表】窗口。

　　2）在【新建表】窗口中，按照 News 表结构录入每个字段的信息，如图 2-9 所示。将光标定位在 NewsID 字段，在【列属性】选项卡中，依次展开【表设计器】/【标志规范】，将属性【（是标志）】对应值修改为"是"，其他选项默认，如图 2-10 所示，表示将该字段定义为标志列（Identity（1，1）），该列将自动从 1 开始进行编号，且增量值为 1。右键单击 NewID 字段，选择弹出的快捷菜单中的【设置主键】命令，将 NewsID 字段设置为主键。

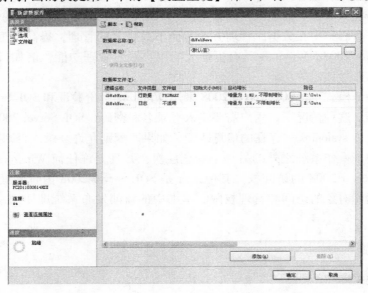

图 2-7　命名数据库及选择路径

图 2-8　选择【新建表】命令

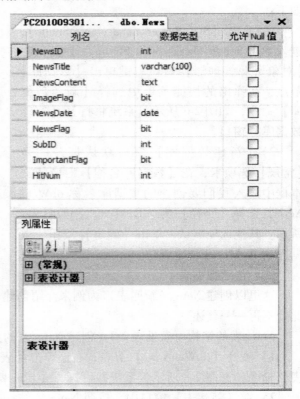

图 2-9　录入字段信息

3）将光标定位在 ImageFlag 字段，在【列属性】选项卡中，设置默认值为"0"，表示新闻默认为不属于"图片新闻"，如图 2-11 所示。使用相同的方法将 NewsFlag 字段、ImportantFlag 字段和 HitNum 字段的默认值分别设置为"1"、"0"和"0"，分别表示新闻默认为"显示"状态，默认不属于"要闻"，点击次数默认为"0"。

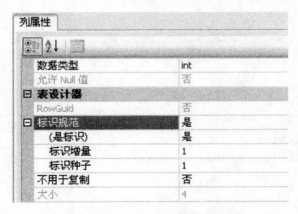

图 2-10 设置 NewsID 字段为标志列   图 2-11 设置 Image Flag 字段的默认值

最后，保存表，将表命名为 News。

三、创建存储过程

新闻发布系统中管理员身份验证使用存储过程完成，下面详细介绍存储过程的创建。

1）展开数据库【dbWebNews】节点，右键单击【可编程性】节点下【存储过程】，在弹出的快捷菜单中选择【新建存储过程】命令，如图 2-12 所示。SQL Server Management Studio 界面右侧将出现存储过程的编辑区。

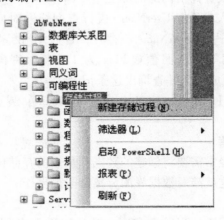

图 2-12 新建存储过程

2）创建名为 proc _ UserLogin 的存储过程，参考代码如下：

```
1 CREATE PROCEDURE proc _ UserLogin
2   @ UserName varchar(20),   --输入参数,表示账号
3   @ UserPWD varchar(20),    --输入参数,表示密码
```

```
4    @ Flag int output          --输出参数,表示返回值
5 AS
6    DECLARE @ PWD varchar(20)
7 BEGIN
8    SET NOCOUNT ON;
9    select @ PWD = UserPWD from［Users］where UserName = @ UserName
10   if @ @ ROWCOUNT > 0
11   BEGIN
12    if @ UserPWD = @ PWD
13   BEGIN
14       set @ Flag = 2   --表示身份验证成功
15       select RealName,UserPower from［Users］where UserName = @ UserName
16   END
17   else
18       set @ Flag = 1   --表示密码不正确
19   END
20   else
21       set @ Flag = 0   --表示账号不存在
22 END
23 GO
```

代码功能描述:

第 6 行:声明 1 个接收查询密码的局部变量@ PWD。

第 7 ~ 23 行:根据输入参数@ UserName 执行查询获取对应的密码,如果执行不成功,返回值@ Flag 为 0,表示账号@ UserName 不存在;否则,判断查询出的密码是否与输入参数@ UserPWD 相等,若不相等,返回值@ Flag 为 1,表示密码不正确,若相等,返回值@ Flag 为 2,表示身份验证成功,并查询出这条记录。

代码编写完成,单击【SQL Server Management Studio】界面工具栏上的【！执行】按钮,存储过程创建成功。

四、分离和附加数据库

在实际应用中,我们经常需要将创建的数据库从当前存储位置移走或者将已有的数据库添加到数据库服务器中,这就涉及数据库的分离和附加操作。

1. 分离数据库

分离数据库是指将数据库从当前的 SQL Server 2008 服务器中分离出来,脱离当前服务器的管理,同时保持数据文件和日志文件的完整性和一致性。具体操作步骤如下:

右键单击【dbWebNews】节点,在弹出的快捷菜单中选择【任务】下的子菜单【分离】命令,如图 2-13 所示。在弹出的【分离数据库】窗口中选择【删除连接】和【更新系统信息】命令以保持数据的一致性,单击【确定】按钮则成功分离数据库。

图 2-13　分离数据库

2. 附加数据库

附加数据库是指将已有的数据库添加到当前数据库服务器中。具体操作步骤如下：

右键单击【数据库】节点，从弹出的快捷菜单中选择【附加】命令，如图 2-14 所示。接着，在弹出的【附加数据库】窗口中单击【添加】按钮，即可打开【定位数据库文件】窗口，选择要附加的数据库文件，单击【确定】按钮，完成数据库的附加。

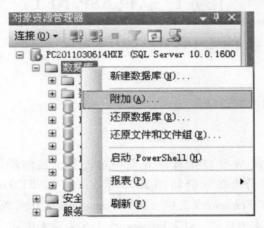

图 2-14　附加数据库

 思考与练习

1. 简述 SQL Server 系统数据库及其功能。
2. 在 SQL Server 2008 中创建 dbWebNews 数据库、表和存储过程。

项目 3 创建 ASP. NET Web 应用程序

ASP. NET 是微软新一代软件开发平台 Microsoft Visual Studio. NET 的重要组成部分，具有方便、灵活、开发效率高、安全性强、完整性强等特性，是目前主流的 Web 应用程序开发技术之一。本项目采用 C#语言作为 ASP. NET Web 应用程序的开发语言，以 Visual Studio 2008 为开发工具。

本项目涉及的知识点：. NET 框架、ASP. NET 应用程序的执行过程、Visual Studio 2008 的安装、Visual Studio 2008 事件处理机制。

任务 1 认识 ASP. NET

教学目标

◆认识 . NET 框架。
◆了解 ASP. NET 的相关知识。

任务描述

ASP. NET 技术是目前 Web 应用程序开发中最流行、最前沿的技术之一。它是 . NET Framework 的重要组成部分。微软公司在 2002 年发布了 . NET Framework 1.0 版本后，到 2010 年相继发布了 . NET Framework 2.0、. NET Framework 3.0、. NET Framework 3.5、. NET Framework 4.0 等版本。本书将以 . NET Framework 3.5 为例来讲述。

知识链接

一、. NET 框架

. NET Framework（. NET 框架）是由微软开发的一个致力于敏捷软件开发（Agile software development）、快速应用开发（Rapid application development）、平台无关性和网络透明化的软件开发平台。它代表一个集合、一个环境、一个可以作为平台支持下一代 Internet 的可编程结构，即 . NET = 新平台 + 标准协议 + 统一开发工具。

. NET 框架以通用语言运行库（Common Language Runtime，CLR）为基础，支持多种语言（VB、C + +、C#、J#等）的开发，为开发人员提供了一个跨语言的统一编程环境。使得开发人员不仅可以进行 Web 应用软件的开发，还可以进行 Windows 应用软件、组件和 Web 服务的开发。. NET 框架的设计目标是让开发人员更容易地建立 Web 应用程序和 Web 服务，使得 Internet 上的各应用程序之间可以使用 Web 服务进行沟通。

. NET 框架的体系结构如图 3-1 所示，具体包括：

➢ . NET 语言。
➢通用语言规范（Common Language Specification，CLS）。

> .NET 框架类库（Framework Class Library，FCL）。
> 通用语言运行库（Common Language Runtime，CLR）。

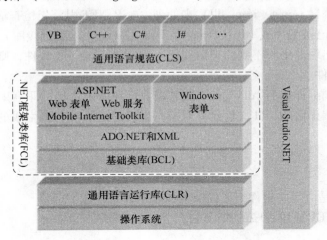

图 3-1　.NET 框架的体系结构

CLS 定义了一组运行于 .NET 框架语言的共同规范，包括数据类型、语言构造等。要在不同语言对象之间进行交互，就要符合 CLS 规范。运行在 .NET 框架中的语言功能都基本相同，只是语法规范有所不同，开发人员可以根据自己熟悉的语言进行开发。

CLR 和 FCL 是 .NET 框架的两个主要组件。其中，CLR 是 .NET 框架的核心，它提供了多种语言执行环境，负责应用程序的执行，如程序运行时的内存管理、代码执行、代码安全验证、编译以及其他系统服务等，并且保证应用程序和底层操作系统之间必要的分离从而实现跨平台性。

FCL 为开发人员提供一个统一的、面向对象的、层次化的、可扩展的类库集（API），即最基本的架构支持。.NET 框架中的类库被拆分为命名空间（Namespace）。命名空间是类库的逻辑分区，类库所采用的命名空间呈层次结构，即命名空间下面又可以再分成子命名空间。每个命名空间都包含一组按照功能划分的相关的类。常用命名空间包括：

> System 系统命名空间，微软公司提供的类都以它或 Microsoft 命名空间开头。
> System. Data 用于访问 ADO. NET 的命名空间。
> System. IO 涉及文件 I/O、内存 I/O、独立存储的命名空间。
> System. Windows. Form 基于 Windows 应用程序的用户界面的命名空间。
> System. Security 用于系统安全控制功能的命名空间。

二、ASP. NET

ASP. NET 的前身是 ASP（Active Server Pages）技术，但 ASP. NET 并不是 ASP 的简单升级，而是全新一代的动态网页开发技术。ASP. NET 网页在服务器上编译、执行生成静态网页后发送到客户端浏览器。

ASP. NET 应用程序的逻辑结构可以是两层结构或三层结构，还可以是多层结构。两层结构的应用程序是表示层（用户界面）直接连接到后台数据库，对于中、小型应用程序使用两层结构就足够了。三层结构的应用程序由表示层、业务逻辑层和数据访问层组成，适用于复杂的或有特殊要求的系统。本书将重点讲述使用两层结构实现新闻发布系统。

使用 ASP. NET 开发的 Web 应用程序是编译执行的，其执行过程如下：

1）当用户通过客户端浏览器发出一个对 ASP. NET 页面的请求后，Web 服务器把请求交由 ASP. NET 引擎（aspnet_isapi. dll）来处理。ASP. NET 引擎先检查输出缓冲中是否有此页面或此页面是否已被编译成 . dll（Dynamic Link Library，动态链接库）文件。

2）如果在输出缓冲中找不到此页面或找不到编译后的 . dll 文件，则需要由编译器将此页面编译成 . dll 文件。

3）如果能找到编译后的 . dll 文件，则省略页面编译的步骤，即第 2）步。

4）直接利用编译后的 . dll 文件建立对象，生成静态页面，将生成的静态页面返回到客户端浏览器。

思考与练习

1. . NET 框架是由哪些组件组成的？其核心组件是什么？
2. 简述 ASP. NET 应用程序的执行过程。

任务 2　了解 Visual Studio 2008 集成开发环境

教学目标

◆熟练掌握 Visual Studio 2008 的安装。
◆能够简单描述 Visual Studio 2008 的新特性。
◆初步认识 Visual Studio 2008 开发环境。

任务描述

ASP. NET Web 应用程序最有效的开发工具是 Visual Studio 系列。. NET Framework 3.5 对应的开发工具是 Visual Studio 2008。Visual Studio 2008 提供了操作简单、界面友好的可视化开发环境，开发人员借助该环境，可以进行高效的 Web 应用程序开发。

知识链接

一、Visual Studio 2008 的安装

1. 安装要求

Visual Studio 2008 在安装时对系统的软、硬件配置是有要求的，硬件方面的要求如下：

➤建议使用 1GHz 以上的 CPU 处理器。

➤建议使用 1GB 以上的 RAM。

➤建议硬盘有 800MB 以上自由空间。

软件方面的要求如下：

➤操作系统：Windows XP Professional，Windows Server 2003，Windows Server 2008，Windows 7 等。

➤浏览器：不低于 IE 5.5。

➤Web 服务器：IIS 5.0 以上，必须安装 . NET 框架。

➢ . NET 框架：NET Framework 3. 5。

➢ 建议数据库：Microsoft Access、SQL Server 2000、SQL Server 2005、SQL Server 2008 任选其一。

2. 安装 Visual Studio 2008

在具备这些软、硬件条件后即可安装 Visual Studio 2008，具体的安装步骤如下：

1）打开 Visual Studio 2008 安装包，双击该安装包中 setup. exe 文件，系统将弹出"Visual Studio 2008 安装程序"对话框，如图 3-2 所示。单击【安装 Visual Studio 2008】选项即可进入安装向导。

图 3-2 "Visual Studio 2008 安装程序"对话框

2）安装前的准备。首先安装程序要加载安装组件，此时用户不能对安装步骤进行选择，如图 3-3 所示。

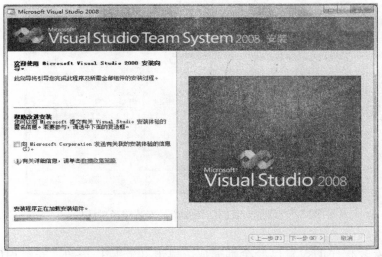

图 3-3 加载安装组件对话框

3）安装组件加载完毕后，单击【下一步】按钮，此时安装程序将会显示当前所要安装的组件信息以及最终用户许可协议，如图 3-4 所示。

在此界面的左侧显示了当前安装程序检测到的机器上已经安装了的 Visual Studio 组件和即将安装的组件信息。在界面的右侧显示了安装程序的最终用户许可协议，以及产品密钥和名称的输入文本框。用户必须同意许可协议中的条款，才能继续下一步的安装。

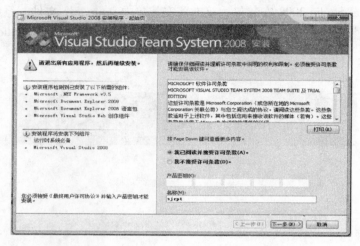

图 3-4　显示安装组件及许可协议对话框

4）选中【我已阅读并接受许可条款】，并输入相应的产品密钥和名称，单击【下一步】按钮，进入下一步操作。选择安装方式，一般选择"默认值"方式，也可以通过"自定义"的安装方式定制需要的组件，同时确定【产品安装路径】，如图 3-5 所示。

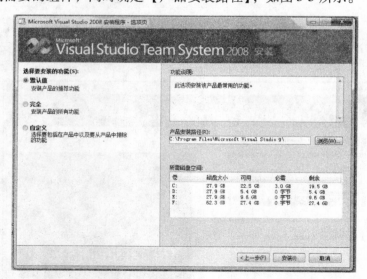

图 3-5　选择安装的功能及产品安装路径对话框

5）至此，安装程序的设置已经全部完成。单击【安装】按钮，安装程序将开始安装

Visual Studio 2008 的各个组件，如图 3-6 所示。

　　界面左侧列出了所要安装的组件信息，并显示当前正在安装的组件。组件的安装时间会根据用户所选择的组件不同而不同，在安装的同时，界面的右侧将会不断显示 Visual Studio 2008 所提供的一些新特性。

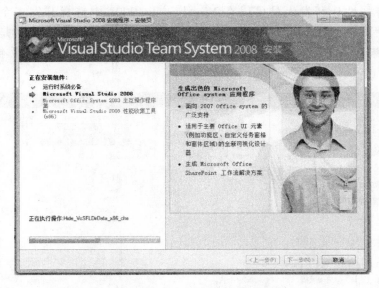

图 3-6　安装组件对话框

　　6）当所有组件全部安装完成后，安装程序将会显示安装完成对话框，提示安装完毕，如图 3-7 所示。单击【完成】按钮，将结束 Visual Studio 2008 的安装，跳回至图 3-2 所示的界面，此时用户可选择继续安装产品文档（MSDN）或检查 Service Release，其操作过程将不再赘述。

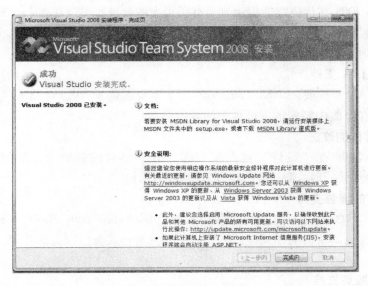

图 3-7　安装完成对话框

二、Visual Studio 2008 的特性

微软发布 Visual Studio 2008 的同时发布了 . NET Framework 3. 5。. NET Framework 3. 5 增加了很多新特性。

1. 多目标支持的项目设计器

多目标支持特性让开发人员可以在 Visual Studio 2008 中选择开发多个版本的 . NET Framework 应用程序，比如 . NET Framework 2. 0、. NET Framework 3. 0 或者是 . NET Frame-work 3. 5，这意味着开发人员可以在任何时候选择系统支持的高版本或低版本的目标平台，如图3-8 所示。

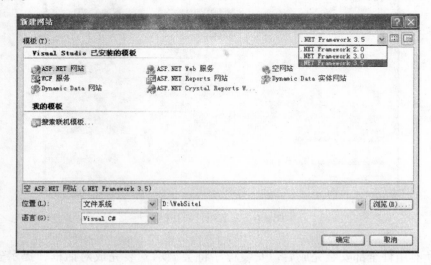

图3-8　多目标支持的项目设计器

2. JavaScript 代码智能提示和调试功能

Visual Studio 2008 在代码智能提示方面有了很大的改进，可以在 Visual Studio 2008 中获得 JavaScript 关键字和语言特性的智能提示功能，包括网页中的客户端脚本及 . js 脚本文件等；在程序调试时，自动映射断点到动态生成的 JavaScript 脚本块中。

3. 内置的 AJAX 支持

不需要安装 AJAX 扩展，. NET Framework 3. 5 本身提供了开发 AJAX 应用程序的内置组件，这样就可以在页面中轻松地进行页面的异步刷新。

4. Web 设计器的改进

Visual Studio 2008 在"设计"视图和"源"视图结合的基础上，增加了类似 Dream-weaver 中的拆分视图来开发 Web 表单，以方便页面设计。

5. CSS 功能的增强支持

Visual Studio 2008 提供了丰富的级联样式表（Cascading Style Sheet，CSS）编辑功能，样式管理器采用所见即所得的样式设计方式，并提供对样式分门别类的管理，从而可以更加轻松地使用 CSS。

6. 嵌套的母版页支持

Visual Studio 2008 使设计人员可以在设计时嵌套多级母版页。

7. 语言集成查询（LINQ）

语言集成查询（Language INtegrated Query，LINQ）是一组用于 C#和 Visual Basic 语言的扩展。它允许编写 C#或者 Visual Basic 代码以查询数据库相同的方式操作内存数据。LINQ引入了标准的、易于学习的查询和转换数据模式，并且可以进行扩展以支持任何类型的数据源。

三、初识 Visual Studio 2008 集成开发环境

1. 运行 Visual Studio 2008 集成开发环境

在【开始】菜单中选择【程序】→【Microsoft Visual Studio 2008】→【Microsoft Visual Studio 2008】命令，即可运行 Visual Studio 2008。在此界面中，显示了当前所安装的 Visual Studio 2008 版本和已安装的组件产品。如果用户是第一次启动 Visual Studio 2008，那么接下来将会显示【选择默认环境设置】对话框，如图 3-9 所示。

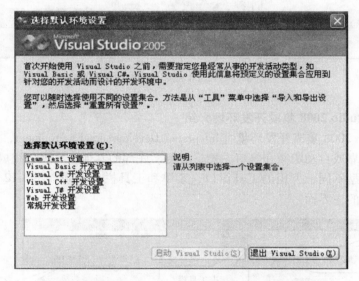

图 3-9 【选择默认环境设置】对话框

在此对话框中，用户可选择一个预定义的环境设置作为以后开发的默认环境。本书的案例基于 C#语言开发，因此选择【Visual C# 开发设置】项。单击【启动 Visual Studio】按钮，系统还将为用户的第一次使用配置运行环境，如图 3-10 所示。

环境配置完成后，将进入 Visual Studio 2008 的主窗口，并显示【起始页】窗口，

图 3-10 配置运行环境对话框

如图 3-11 所示。【起始页】提供了 MSDN 中文网站的最新新闻，当然这需要用户的机器处于联机状态。否则，该界面显示上一次联机状态下所获取的新闻列表。使用【起始页】窗口，还可以快速打开最近编辑过的项目和网站或创建新的项目和网站。在使用过程中，如果不小心关闭了【起始页】窗口，可以选择【视图】→【其他窗口】→【起始页】命令重新打开。

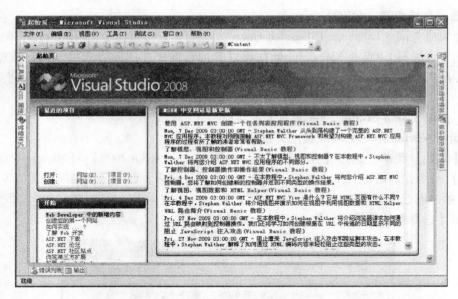

图 3-11　Visual Studio 2008 起始页

2. Visual Studio 2008 集成开发环境介绍

Visual Studio 2008 集成开发环境（Integrated Development Environment，IDE）由菜单栏、标准工具栏及停靠或自动隐藏在窗口左侧、右侧、底部的其他工具窗口组成。处于编辑状态的项目或文件类型不同，可用的工具窗口、菜单和工具栏也不同。图 3-12 显示了编辑 Web 应用程序窗体时的主界面。

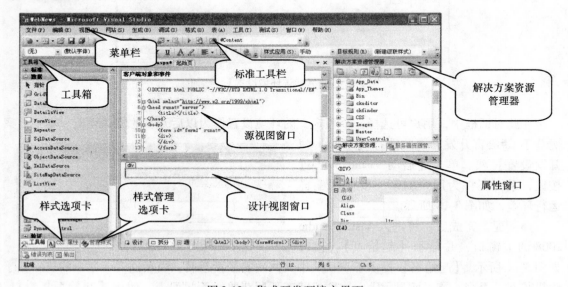

图 3-12　集成开发环境主界面

在 Visual Studio 2008 的集成开发环境中，可以非常灵活地改变各窗口布局。当用鼠标按住窗口的标题栏并移动时，将会显示可视的菱形引导标志，如图 3-13 所示。

使用菱形引导标志，可以将窗口轻松地移动到指定的位置或停靠在集成开发环境窗口的左侧、右侧、底部或顶部，也可将窗口以选项卡的形式与打开的文档并行显示在主窗口的正中间。如果要隐藏当前窗口的显示，可在窗口标题上单击鼠标右键，在弹出的快捷菜单中选择【隐藏】或【自动隐藏】选项即可。此外，如果要显示某一窗口，用户可以打开【视图】菜单，并选择相应的窗口项即可。

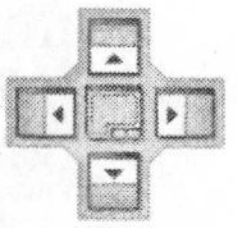

图 3-13 菱形引导标志

> 三种编辑视图

Visual Studio 2008 的集成开发环境提供了【源】、【拆分】、【设计】三种编辑视图窗口，用户可以单击【源】标签、【拆分】标签、【设计】标签在三种编辑视图间切换，【拆分】视图如图 3-12 所示。在【源】视图窗口中，用户可以实现对标签的直接操作，同时该视图新增了许多快捷和方便功能，包括编码帮助功能、自动换行、可折叠代码节、书签、显示行号等。【设计】视图是一种可视化的窗口，允许在用户界面或网页上指定控件或其他项的位置，实现所见即所得的设计。

> 工具箱

工具箱以分组形式显示可以被添加到 Visual Studio 项目中的工具图标，它一般停靠在集成开发环境主窗口的左侧，如图 3-12 所示。工具箱分类选项包括标准、数据、验证、导航、登录等选项卡，尤其需要说明是的，在 Visual Studio 2008 中，工具箱中内置了 AJAX Extensions 选项卡，实现页面的异步刷新。

> 解决方案资源管理器

解决方案资源管理器用于显示当前所打开的项目或站点以及项目或站点下的所有文件和相关资源。通过解决方案资源管理器可以对打开的文件进行编辑、向项目或站点中添加新文件及查看相关属性等，如图 3-12 所示。

> 属性窗口

属性窗口是一个非常重要的窗口，它可用来实现对页面中各个控件或其他元素属性设置和修改、事件管理。

属性窗口中属性的排列有两种方式：字母排序和分类排序。在默认情况下，属性窗口中的各个属性是按字母大小升序排列的，如图 3-14 所示。单击▦按钮，可将其切换为按分类排序，如图 3-15 所示。当选择某一属性时，在属性窗口的下方将会显示该属性的帮助提示信息。

如需查看或设置当前选择控件的事件，则可单击属性窗口上的▨按钮，与属性相似，事件的查看方式也可分为字母排序和分类排序两种。双击某一事件，则将定位到该事件的定义代码中，用户可以编辑该事件。

> 错误列表窗口

错误列表窗口如图 3-16 所示。该窗口显示了在编辑和编译代码时所产生的错误、警告、和消息等相关信息。双击具体的错误信息，可打开出现问题的文件，并定位在发生错误的位置。

> 输出窗口

输出窗口显示了项目在生成过程中的各种状态消息，在该窗口中显示了当前生成项目的进度和结果，如图 3-17 所示。

图 3-14　字母排序的属性窗口

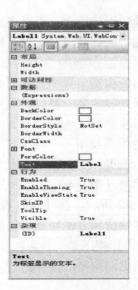

图 3-15　分类排序的属性窗口

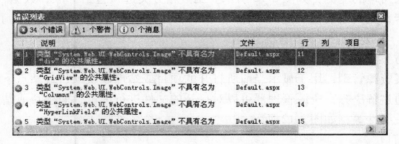

图 3-16　错误列表窗口

图 3-17　输出窗口

思考与练习

1. 下载 Visual Studio 2008 安装包，并在计算机上安装。

2. 简述 Visual Studio 2008 提供的新特性。

任务 3　创建新闻发布系统项目

 教学目标

◆掌握创建 Web 应用程序的方法。

◆了解常用的 Web 应用程序的文件类型及用途。

◆了解 Visual Studio 2008 的事件驱动机制。

 任务描述

成功安装 Visual Studio 2008 后，就可以使用它的集成开发环境来创建 Web 应用程序了。接下来以创建新闻发布系统为例，说明 Web 应用程序的创建过程，同时说明常用的文件及文件夹用途，并对其事件驱动机制进行讲解。

 任务实施

一、创建 Web 应用程序

运行 Visual Studio 2008 的集成开发环境，创建 Web 应用程序的步骤如下：

1）选择【文件】菜单的【新建网站（W）...】项，打开【新建网站】对话框，如图 3-18 所示。用户也可以单击【起始页】中的【最近的项目】窗口中的【创建】→【网站（X）...】来创建 Web 应用程序。

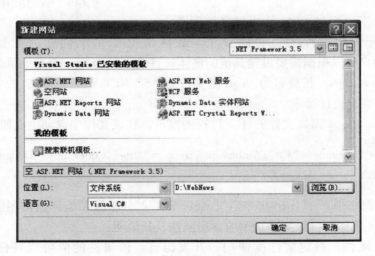

图 3-18　【新闻网站】对话框

➢选择 Web 应用程序支持框架 . NET Framework 3.5，该值为默认选项。

➢选择【Visual Studio 已安装的模板】中的【ASP. NET 网站】选项，此选项为默认选项。

➢【位置】选项选择文件系统。

➤ 输入要创建的 Web 应用程序位置或单击【浏览】按钮，选择要创建的 Web 应用程序位置，例如选择 D 盘，并输入该 Web 应用程序站点文件夹名称：WebNews。

➤ 选择工具语言：选择 Visual C#（若要使用其他语言开发，单击下拉按钮选择即可），单击【确定】按钮。

2）系统自动创建名为 WebNews 的 Web 应用程序及其相关文件。同时默认打开 Default. aspx 窗体文件的【设计】视图，至此 Web 应用程序创建完毕。

Web 应用程序创建成功后，可以单击 Visual Studio 2008 集成开发环境的【关闭】按钮退出开发环境，并关闭正在编辑的 Web 应用程序；还可以单击【解决方案资源管理器】的【关闭】按钮关闭正在编辑的 Web 应用程序。

在 Visual Studio 2008 集成开发环境中，有两种常用的方法打开 Web 应用程序：

➤ 选择【文件】菜单下的【打开网站】，在弹出的【打开网站】对话框中选择要打开的 Web 应用程序，单击【打开】按钮即可。

➤ 在【起始页】的【最近的项目】中选择最近编辑过的项目，双击即可；也可以通过单击【最近的项目】的【打开】→【网站】命令，弹出【打开网站】对话框打开对应的 Web 应用程序。

图 3-19　Web 应用程序

二、常用的文件及文件夹

成功创建 Web 应用程序后，系统自动创建的文件及文件夹如图 3-19 所示。

1. 起始页文件

起始页是指用户通过 IP 地址或域名访问某站点时默认打开的第一个页面，即首页。默认情况下系统创建的起始页文件名为 Default. aspx，用户可以根据需要设置其他的窗体文件为起始页。一般起始页的文件名为 Index. aspx 或 Default. aspx。扩展名为 . aspx 的文件是 ASP. NET Web 窗体文件，可以在该类文件中添加控件以实现设计要求。

切换到 Default. aspx 窗体文件的【源】视图窗口，在该文件中自动生成如下代码：

```
< %@ Page Language = "C#" AutoEventWireup = "true" CodeFile = "Default. aspx. cs" Inherits = "_Default" % >
```

这是一条页面指令，@ Page 指令定义 ASP. NET 页分析器和编译器使用的页特定属性，只能包含到 . aspx 文件中。该页面指令的常用属性及其说明：

➤ Langauge 属性：指定文件所使用的开发语言。该属性的值可以是任意一种 . NET Framework 支持的语言，如 C#。

➤ AutoEventWireup 属性：指示页面是否与某些特殊的事件方法（如：Page _ Init，Page _ Load，Page _ DataBind，Page _ PreRender 和 Page _ Unload 等）自动绑定。如果启用了事件自动绑定，其值为 true，否则为 false。该属性的默认值为 true。

➤ CodeFile 属性：指明包含与 Web 页面文件（如 Default. aspx）相关联的代码文件 URL。一般情况下该属性的值为与页面文件同名的 . cs 文件。

➤ Inherits 属性：指定要继承的代码隐藏类。

2. 应用程序文件夹

在使用 Visual Studio 2008 创建的 Web 应用程序中，有一些用于存储特定类型文件的文件夹，Web 应用程序能够自动的识别这些文件夹，无需添加引用。例如，在新创建的 Web 应用程序 WebNews 中有一个名为 App _ Data 的文件夹，该文件夹通常用于存放应用程序的数据文件，包括 MDF 文件、XML 文件及其他数据存储文件。需要注意的是，默认 ASP. NET 账户被授予对该文件夹的完全访问权限。如果要改变 ASP. NET 账户，一定要确保新账户被授予对该文件夹的读/写访问权。

3. 系统配置文件

新创建的 Web 应用程序包含一个名为 web. config 的配置文件，该文件为 XML 文件，用于存储 ASP. NET Web 应用程序的配置信息。站点根目录下的 web. config 文件，通常包括默认的配置设置。该文件可以出现在应用程序的每一个目录中，子目录中的配置会继承上一级目录中 web. config 文件的配置设置。可以根据需要修改或重写 ASP. NET Web 应用程序的配置信息。

三、事件驱动机制

ASP. NET 提供了强大的事件驱动编辑模型，开发人员不用写过多代码来响应用户请求，只需要在相应的事件中添加业务逻辑即可；同时 ASP. NET 将事件处理代码与页面结构有效分离，增强了代码的可读性和程序的可维护性。

ASP. NET 支持三种事件类型：

1. HTML 内部事件

HTML 内部事件在浏览器中解释执行，即采用 JavaScript 或 VBScript 编写的事件响应机制，无需传送到服务器端处理，而是在客户端浏览器的内置解析器中执行。HTML 控件可以响应此类事件，如 OnClick 事件、OnMouseMove 事件等。HTML 控件使用起来也很方便，在控件标签中添加对应事件属性即可。

2. 自动触发事件

当 ASP. NET 事件加载时，自动执行的一组事件，如页面初始化事件 Page _ Init （）、页面加载事件 Page _ Load （）等。这类事件无需用户干涉，自动触发。

3. 用户交互事件

最丰富的事件类型，这类事件与 ASP. NET 的 Web 控件相关，通常由用户与页面交互时触发，事件处理由服务器完成。如控件加载事件 OnLoad、控件单击事件 OnClick、控件初始化事件 OnInit 等，事件触发时执行的操作封装在一个个调用方法中。在控件标签中添加对应事件属性调用方法用于响应事件。

ASP. NET 的事件处理采用委托机制：不确定要调用什么方法而又不能用抽象或者多态实现时用委托。一般情况下，事件的响应方法中包含两个参数：其中一个参数代表引发事件的对象 sender，由于引发事件的对象是不可预知的，因此将其声明成为 Object 类型（Object 是所有对象的基类），适用于所有对象；另一参数代表引发事件的具体信息，其在不同类型的事件中可能不同，因此采用了 EventArgs 类型（EventArgs 是事件数据类的基类），用于传递事件的细节。

思考与练习

　　1. 使用 Visual Studio 2008 集成开发环境，在计算机 E 盘上创建 Web 应用程序 Web-News。

　　2. 简述 ASP. NET 常用文件及文件夹的功能。

　　3. 简述 Visual Studio 2008 支持的事件模型。

项目 4   ADO. NET 数据库编程

Web 应用程序开发很多时候需要访问数据库，ASP. NET 通过 ADO. NET 技术获取数据及执行各种操作。ADO. NET 提供访问不同类型数据库所对应的数据提供程序，以实现连接数据库、执行命令和检索数据。

本项目涉及的知识点：ADO. NET 体系结构、Connection 对象、Command 对象、Data-Adapter 对象、DataSet 对象、TextBox 控件、Button 控件、Label 控件、GridView 控件、Page 对象、web. config 文件。

任务 1   了解 ADO. NET

 教学目标

◆ 了解 ADO. NET 的体系结构。
◆ 正确描述 ADO. NET 的常用对象及其功能。

 任务描述

几乎所有的 Web 应用程序都离不开数据库的支持，存储在数据库中的数据是怎样读取出来并显示到页面上，用户填写的信息又如何保存到数据库中，这些操作都离不开 ADO. NET 的支持。本次任务主要讲述 ADO. NET 数据访问模型及 ADO. NET 的常用对象。

 知识链接

一、ADO. NET 简介

数据访问是 Web 应用程序开发的核心部分，在 ASP. NET 中数据访问是由 ADO. NET 实现的。ADO. NET 是一种使用面向对象设计方法构建的数据访问和操作的类库，它构建于 . NET 平台之上。数据可以来源于数据库，但同样也可以来源于文本文件、Excel 表格或 XML 文件。ADO. NET 允许和不同类型的数据源以及数据库进行交互，包括 OLE DB 支持的数据库和 ODBC 支持的数据库。

ADO. NET 提供两种数据访问模式：在线数据访问模式和离线数据访问模式。在线数据访问由在线对象实现；离线数据访问由离线对象实现。在线数据访问模式下，在线对象与数据库进行交互时要求保持与数据库通信的持久连接；离线数据访问模式下，离线对象通常是一个数据容器，通过在本地建立远程数据库的副本实现数据库的脱机访问。

在线对象包含：

➢ Connection 对象：数据连接对象，用于创建和数据库的连接。
➢ Command 对象：命令对象，用于执行访问数据库命令。
➢ Parameter 对象：参数对象，表示数据操作命令中的参数。

➢ DataAdapter 对象：数据适配器对象，用于为数据容器加载数据和把更新后的数据传给数据库。

离线对象包含：

➢ DataSet 对象：数据集对象，用于存储从数据源中获取的数据，可包含多个 DataTable 对象和 DataRelation 对象（关系对象）。

➢ DataTable 对象：数据表对象，内存中用于存储数据的数据表。

➢ DataRow 对象：数据行对象，代表 DataTable 中的一行记录。

二、ADO. NET 体系结构

ADO. NET 包括两个核心组件：. NET Framework 数据提供程序和 DataSet 对象。数据提供程序包含 Connection 对象、Command 对象、DataReader 对象和 DataAdapter 对象 4 个核心对象。ADO. NET 体系结构如图 4-1 所示。

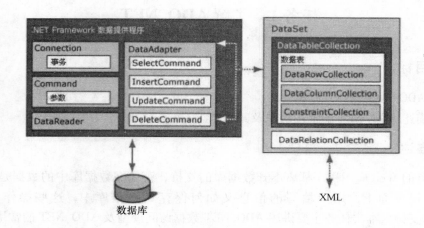

图 4-1　ADO. NET 体系结构

ADO. NET 提供与数据源进行交互的相关的公共方法，但是对于不同的数据源采用一组不同的类库，这些类库称为数据提供程序（Data Providers）。它们通常是以与之交互的协议和数据源的类型来命名的。例如，ODBC Data Provider 提供 ODBC 接口的数据源，针对一般较老的数据库；OleDb Data Provider 提供 OLE DB 接口的数据源，比如 Access 或 Excel；SQL Data Provider 专门针对 Microsoft SQL Server 数据库等。

ADO. NET 对各类数据库的操作非常类似，本书主要以对 SQL Server 2008 的访问为例，详细介绍如何使用 ADO. NET 完成对数据库的连接、添加、删除和修改等操作。SQL Data Provider 对应的数据访问对象为 SqlConnection 对象、SqlCommand 对象、SqlDataReader 对象和 SqlDataAdapter 对象。

DataSet 对象是 ADO. NET 离线数据操作的核心组件，是专门为各类数据源的数据访问独立性而设计的，处理存储在 DataSet 中的数据不需要和数据源保持连接，仅当数据源中的数据因改变而需要更新时，才会重新建立连接。

思考与练习

1. 简述 ADO. NET 中数据访问对象的功能。
2. ADO. NET 提供的数据访问模式有几种? 分别是什么?

任务 2　使用 ADO. NET 对象实现数据操作

 教学目标

◆ 掌握 Connection 对象的常用属性、方法。
◆ 掌握 Command 对象的常用属性、方法。
◆ 能够使用 ADO. NET 对象实现数据操作。
◆ 掌握 TextBox 控件、Button 控件、Label 控件的使用。

 任务描述

　　ADO. NET 在 ASP. NET 用户界面与后台数据库之间建立了一座桥梁，那么它是如何利用 Connection 对象、Command 对象实现数据操作的呢? 本次任务将重点讲述 Connection 对象、Command 对象，并实现对 dbWebNews 数据库的管理员表 Users 中管理员信息的添加、删除、更新操作。

　　要从 SQL Server 数据库中获取数据，首先应该在 SQL Server 中创建数据库或使用 SQL Server 的实例数据库。本案例使用项目 2 中创建的新闻发布系统数据库 dbWebNews。

　　数据库访问的一般步骤如下:

　　第一步: 使用 Connection 对象创建与数据库的连接。

　　1) 创建 Connection 对象。

　　2) 设置 Connection 对象的连接字符串属性、调用 Open()方法打开数据库的连接。

　　3) 获取 Connection 对象 State 属性的值，查看数据库的连接状态。

　　第二步: 使用 Command 对象确定要执行的操作并执行。

　　1) 创建 Command 对象。

　　2) 设置 Command 对象的相关属性，以确定要执行的操作等信息。

　　3) 调用 Command 对象的相关方法执行各种操作命令，并返回结果。

　　第三步: 获取返回的结果并进行判断，输出友好提示信息。

　　第四步: 关闭数据库连接，释放资源。

 知识链接

一、Connection 对象

　　Connection 对象用来创建与数据库的连接，这是 Web 应用程序与数据库进行数据交互的第一步；同时 Connection 对象还用于管理数据库的事务。访问不同的数据库需要不同的数据提供程序，不同数据提供程序对应不同的 Connection 对象。Connection 对象与数据源、数据提供程序对应关系见表 4-1。

表 4-1　Connection 对象与数据源、数据提供程序对应关系表

数据源	数据提供程序	Connection 对象
SQL Server 7.0 或更高版本	SQL Server. NET 数据提供程序	SqlConnection
OLE DB 数据源、SQL Server 6. X 或更低版本	OLE DB. NET 数据提供程序	OledbConnection
ODBC 数据源	ODBC. NET 数据提供程序	OdbcConnection
Oracle 数据库	Oracle. NET 数据提供程序	OracleConnection

Connection 对象常用的属性/方法及说明见表 4-2。

表 4-2　Connection 对象常用的属性/方法及说明

属性/方法	说　明
ConncetionString 属性	获取或设置用来打开数据库的连接字符串
State 属性	获取当前数据库的连接状态
Open 方法	打开数据库连接
Close 方法	关闭数据库连接
Dispose 方法	释放对象所占有的资源

1. ConnectionString 属性

ConnectionString 属性用于获取或设置用来打开数据库的连接字符串。在连接 SQL Server 数据库之前，必须设置数据连接的一些参数，包括连接数据库服务器的名称、数据库名称、登录用户名及密码等。这些参数的设置都包含在 ConnectionString 属性的设置中。

ConnectionString 属性的值由一系列用分号隔开、等号连接的关键字和值组成，且关键字不区分大小写。各关键字的意义如下：

➤ Server：表示要连接的 SQL Server 数据库的服务器名称。若连接的是本机服务器，服务器名称可以使用 "LocalHost" 或 "." 来代替。

➤ DataBase：表示要连接的具体的 SQL Server 数据库名称。

➤ UID：表示登录 SQL Server 数据库的用户名。

➤ PWD：表示登录 SQL Server 数据库的密码。

例：要连接本机服务器中名称为 dbWebNews 的数据库，登录用户名为 sa，密码是 sa123，参考代码如下：

```
1 string strCnn = " server = . ; database = dbWebNews; uid = sa; pwd = sa123" ;
2 SqlConnection cnn = new SqlConnection( ) ;
3 cnn. ConnectionString = strCnn;
```

代码功能描述：

第 1 行：定义一个 string 类型的变量 strCnn，并赋初值为 server = . ; database = dbWeb-News; uid = sa; pwd = sa123。

第 2 行：创建 SqlConnection 对象 Cnn。

第 3 行：设置 SqlConnection 对象 ConnectionString 属性的值为 StrCnn 变量的值。

其实，Connection 对象的构造函数有两种格式的重载，上例第 2 行语句使用的是第 1 种

格式，即创建 Connection 对象。该对象构造函数的第 2 种格式原型（以 SqlConnection 对象为例）为

```
SqlConnection. SqlConnection( string connectionString)
```

此格式表示：在创建 SqlConnection 对象的同时，指定访问数据库所需要的连接字符串，这是它的常用格式。string 类型的参数就是连接数据库的连接字符串。使用这种格式，上面的代码可以改写为

```
string strCnn  =  " server = . ; database = dbWebNews; uid = sa; pwd = sa123" ;
SqlConnection cnn  =  new SqlConnection( strCnn) ;
```

2. State 属性

State 属性用于获取当前数据库的连接状态，该属性有两个常用的值：

1）ConnectionState. Closed：表示当前数据库的连接状态是关闭的。

2）ConnectionState. Open：表示当前数据库的连接状态是打开的。

3. Open 方法

Open 方法用于打开数据库的连接，这是执行数据操作的前提条件。Open 方法一般放在异常捕获语句的 try 区块中，在打开数据库的连接时，如果出现异常则捕获异常并抛出。它的基本语法格式为：

```
cnn. Open( ) ;
```

4. Close 方法和 Dispose 方法

数据库的连接资源是十分宝贵且有限的，在执行完数据操作后，不要忘记使用 Close 方法关闭数据的连接，使用 Dispose 方法释放所占有的资源。这两个方法一般放在异常捕获语句的 finally 区块中，无论程序是否发生异常，都要关闭数据库连接，释放其占有的资源。从而达到节省计算机资源、提高程序效率的作用。

当然，还可以使用 using 指令自动关闭数据库连接，并释放资源，即将 Connection 对象包含到 using 指令中即可：

```
try
{
    using（连接对象）
    {
        //打开数据库连接
        //执行操作
    }
}
catch（Exception ex）
{
    //抛出异常
}
```

二、Command 对象

Command 对象用于实现对成功连接的数据库执行命令并返回执行的结果。操作命令可

以是从数据库或数据文件中检索数据以及数据的添加、删除、更新等操作。Command 对象常用属性/方法及说明见表 4-3。

表 4-3　Command 对象常用的属性/方法及说明

属性/方法	说　　明
CommandText 属性	获取或设置要对数据源执行的 T-SQL 语句或存储过程
CommandType 属性	获取或设置一个值,该值指示如何解释 CommandText 属性
Connection 属性	获取或设置 Command 对象要使用的数据连接
ExecuteNonQuery 方法	连接执行 T-SQL 语句或存储过程并返回影响的行数
ExecuteScalar 方法	执行查询,并返回查询所返回的结果集中的第一行的第一列,忽略其他行或列
Parameter 属性	获得与该命令相关的参数集合

1.　CommandText 属性

CommandText 属性用于获取或设置要对数据源执行的 T-SQL 语句或存储过程。它的值可以是一条 Insert 插入语句、Delete 删除语句、Update 更新语句、Select 查询语句或存储过程名称,还可以是由逗号分隔的表名。

例如:设置 Command 对象的 CommandText 属性值为名为 Pro_AddUsers 的存储过程,参考代码如下:

```
1 SqlCommand cmd = new SqlCommand( );
2 cmd. CommandText = "Pro_AddUsers";
```

代码功能描述:

第 1 行:创建 SqlCommand 对象 cmd。

第 2 行:设置 cmd 的 CommandText 属性值为名为 Pro_AddUsers 的存储过程。

设置 Command 对象的 CommandText 属性值为一条 T-SQL 语句,该语句可以查询管理员表 Users 中的所有数据,参考代码如下:

```
SqlCommand cmd = new SqlCommand( );
cmd. CommandText = "select ＊ from[Users]";
```

2.　CommandType 属性

CommandType 属性用于获取或设置一个值,该值指示如何解释 CommandText 属性。该属性可取的值如下:

➢ CommandType. StoredProcedure:该值表示要执行的操作是当前数据库中包含的一个存储过程。

➢ CommandType. TableDirect:表示该属性包含一个以逗号分开的列表,该列表包含要访问的数据表的名称。

➢ CommandType. Text:为默认设置,表示该属性包含可以直接执行的 T-SQL 文本。基本语法是:

```
SqlCommand cmd = new SqlCommand( );
cmd. CommandType = CommandType. Text;
```

3. Connection 属性

Connection 属性用于获取或设置 Command 对象所使用的数据连接，换句话说，Connection 属性的值就是已打开连接的 Connection 对象实例。

4. ExecuteNonQuery 方法

ExecuteNonQuery 方法用于执行 T-SQL 语句或存储过程，并返回执行操作所影响的记录行数，例如与 Update 语句、Insert 语句、Delete 语句有关的操作。对于其他类型的操作，例如 Select 等语句，ExecuteNonQuery 方法返回的值始终是 -1。

例：在打开连接的数据库管理员表 Users 中添加一条用户信息，其中用户账号、密码、真实姓名等字段的值都是"Tom"，并将返回的值保存到变量 Flag 中。参考代码如下：

```
1 string strCmd = "insert into [Users](UserName,UserPWD,RealName) values('" +
      strUserName +"','" + strUsrPWD +"','" + strRealName +"')";
2 SqlCommand cmd = new SqlCommand( );
3 cmd. CommandText = strCmd;
4 cmd. Connection = cnn;
5 int Flag = cmd. ExecuteNonQuery( );
```

代码功能描述：

第 1 行：定义 string 类型的变量 strCmd，并保存执行插入的 T-SQL 语句。

第 2 行：创建 SqlCommand 对象。

第 3 行：设置 SqlCommand 对象 CommandText 属性的值。

第 4 行：设置 SqlCommand 对象 Connection 属性的值。

第 5 行：调用 SqlCommand 对象 ExecuteNonQuery（）方法执行 CommandText 属性值所对应的 T-SQL 语句，并将返回值保存到整型变量 Flag 中。

其实，Command 对象的构造函数有 4 种格式的重载，上例第 2 行语句使用的是第 1 种格式，即只创建 Command 对象。在 4 种格式的构造函数中，最常用的是第 2 种格式，这种格式的原型（以 SqlCommand 对象为例）为

SqlCommand. SqlCommand (string strText, SqlConnection connection)

此格式表示：在创建 SqlCommand 对象的同时，指定要对哪个已连接的数据库执行操作。其中，string 类型的参数 strText 表示要执行的 T-SQL 语句或存储过程；SqlConnection 类型的参数 connection 表示已成功创建连接的 SqlConnection 对象。使用这种格式，上面的代码可以改写为

```
string strCmd = "insert into [Users](UserName,UserPWD,RealName) values('" +
      strUserName +"','" + strUsrPWD +"','" + strRealName +"')";
SqlCommand cmd = new SqlCommand(strCmd,cnn);
int Flag = cmd. ExecuteNonQuery( );
```

三、相关 Web 控件

本案例中用到了 Label 控件、TextBox 控件、Button 控件，接下来针对这三种控件进行阐述。

1. Label 控件

Label 控件也称为标签控件，主要用来在页面指定的位置显示文本。当然也可以直接在页面中添加要显示的文本信息，但是如果文本信息是动态变化的或者文本信息要通过代码来修改，那么就需要用 Label 控件来实现。其语法格式为

<asp:Label ID = "Label1"　runat = "server" > </asp:Label >

Label 控件不支持任何事件，它的常用属性及说明见表 4-4。

表 4-4　Label 控件常用属性及说明

属性	说　　明
BackColor	获取或设置 Label 控件的背景颜色
CssClass	获取或设置 Label 控件呈现的样式
Enable	获取或设置 Label 控件是否可用
ForeColor	获取或设置 Label 控件显示文本信息的颜色
ID	获取或设置分配给服务器控件的编程标志符。如果要编程改变 Label 控件显示文本，必须为其设置一个唯一的 ID 值
RunAt	其值为 Server 时，Label 控件运行在服务器端
Text	获取或设置 Label 控件显示的文本信息
Visible	获取或设置 Label 控件是否可见
Width/Height	获取或设置 Label 控件的宽度/高度

Label 控件是我们接触到的第一个 Web 服务器控件，此控件可以在【工具箱】的【标准】选项卡中找到。其中 BackColor、CssClass、ForeColor、ID、RunAt、Width 等属性，还有表中没有列出的其他属性是绝大多数 Web 服务器控件的公共属性，只是针对不同控件其功能表述略有不同，以后不再赘述。

2. TextBox 控件

TextBox 控件又称为文本框控件，是 Web 应用程序开发中比较常用的控件之一，通常用在人机交互页面。用户可以通过该控件输入或编辑文本，通过配置其属性，TextBox 控件可以接受单行、多行或者密码形式的数据。TextBox 控件常用的属性/方法/事件及说明见表 4-5。

表 4-5　TextBox 控件常用属性/方法/事件及说明

属性/方法/事件	说　　明
AutoPostBack 属性	指示在文本框的内容发生变化时，是否实时自动回发到服务器。如果在文本修改之后，自动回发到服务器，则将 AutoPostBack 属性的值设置为 true，否则设置为 false。该属性默认值为 false
CausesValidation 属性	设置一个值，该值指示控件是否会在获得焦点时执行验证

（续）

属性/方法/事件	说 明
Enabled 属性	获取或设置一个值,该值指示控件是否可用
Focus 方法	为控件设置输入焦点
MaxLength 属性	获取或设置用户可在文本框控件中键入或粘贴的最大字符数。当 TextBox 控件的 TextMode 属性值为 MultiLine 时,不起作用
ReadOnly 属性	获取或设置一个值,该值指示文本框中的文本是否为只读,该属性的默认值为 false
Rows 属性	设置多行文本框中显示的行数,只有在 TextBox 控件的 TextMode 属性值为 MultiLine 时起作用
Text 属性	获取或设置 TextBox 控件中显示的文本信息
TextMode 属性	设置 TextBox 控件的行为模式: (1) SingleLine:单行文本框,用户只能输入单行信息,可以限制控件接收的字符数 (2) MultiLine:多行文本框,允许用户输入多行文本,并可以换行 (3) Password:密码框,屏蔽用户输入的信息,以隐藏这些信息
TextChanged 事件	当 TextBox 控件失去焦点时,将引发控件的 TextChanged 事件。若要当 TextBox 控件的值发生改变时,立即引发该事件,需要设置 TextBox 控件的 AutoPostBack 属性值为 ture

3. Button 控件

Button 控件可以分为提交按钮控件和命令按钮控件。默认情况下是提交按钮控件,即把 Web 页面提交服务器。命令按钮控件需要指定该控件的 CommandName 属性,当多个命令类型的按钮共享一个事件处理函数时,通过命令名区分是哪个按钮的事件。Button 控件的常用属性/事件及说明见表 4-6。

表 4-6 Button 控件常用属性/事件及说明

属性/事件	说 明
CausesValidation 属性	单击 Button 控件时,指示该控件是否执行验证
Click 事件	单击 Button 控件时触发的事件
Command 事件	单击 Button 控件并定义关联的命令时触发
Enable 属性	获取或设置 Button 控件是否可用
Text 属性	获取或设置 Button 控件显示的文本信息

四、Page 对象

Page 对象代表当前页面,是从 Web 浏览器向 Web 服务器发出请求的动态网页文件,即 .aspx 文件。页面（Page）对象实现对整个页面的操作,例如,可以通过页面对象的 IsPostBack 属性来判断页面是否是第一次加载;通过 IsValid 属性来判断页面上所有控件是否通过验证等。Page 对象位于 System. Web. UI 命名空间下。Page 对象常用的属性/事件及说明见表 4-7。

表 4-7　Page 对象常用属性/事件及说明

属性/事件	说　　明
IsPostBack 属性	用于获取一个值,该值指示该页是否为响应客户端回发而加载,或是被首次加载和访问。若是为响应客户端回发而加载该页,其值为 true,否则为 false
IsValid 属性	表示该页中的所有 Web 控件是否通过验证,如完全通过验证,其值为 true,否则为 false
Load 事件	表示装载该页时触发的事件

 任务实施

项目 3 中的任务 3 已经创建了新闻发布系统的 Web 应用程序项目,接下来需要在该项目中添加窗体文件,实现对管理员信息的管理。具体步骤如下:

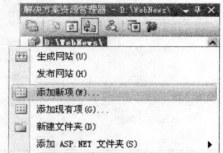

一、创建窗体文件

在 WebNews 应用程序中添加窗体文件 exam _ a-do. aspx,具体步骤如下:

1)打开【解决方案资源管理器】窗口,在站点根目录节点单击右键,在弹出的快捷菜单中选择【添加新项】的命令,如图 4-2 所示。

2)系统将弹出【添加新项】对话框,在该对话框中选择【Visual Studio 已安装的模板】中的

图 4-2　选择【添加新项】对话框

Web 窗体,输入文件名称:exam _ ado. aspx,选择开发语言为:Visual C#,并勾选【将代码放在单独的文件中】选项,如图 4-3 所示。单击【添加】按钮,系统会创建 exam _ ado. aspx 窗体文件,并在编辑窗口打开该文件。

图 4-3　【添加新项】对话框

勾选【将代码放在单独的文件中】选项时,创建窗体文件的事件处理代码将放在和窗

体文件同名的 . cs 文件中，从而实现代码分离。

二、在窗体文件中添加控件，实现页面布局

切换到 exam _ ado. aspx 窗体文件的【设计】视图，添加必要的文本信息，同时添加 3 个 TextBox 控件、1 个 Button 控件和 1 个 Label 控件，实现如图 4-4 所示的管理员信息添加界面。

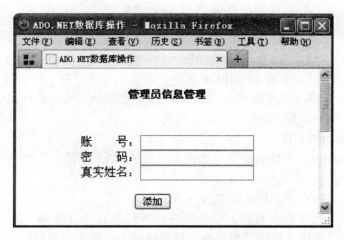

图 4-4　管理员信息添加界面

分别设置该窗体中控件的属性，见表 4-8。

表 4-8　管理员信息添加窗体中控件属性设置

控件类型	控件 ID	属性名称	属性值
TextBox	txtUserName	Width	120px
	txtUserPWD	Width	120px
		TextMode	Password
	txtRealName	Width	120px
Button	btnAdd	Text	添加
Label	lblMessage	Visible	false
		删除控件的 Text 属性及其属性的值	

三、添加代码实现管理员的添加功能

1. 导入命名空间

导入与数据库操作相对应的命名空间：System. Data，使用专门的 SQL Server 数据提供程序访问 SQL Server 数据库需要导入命名空间：System. Data. SqlClient，在 exam _ ado. aspx 窗体文件的空白处双击打开该文件的代码文件 exam _ ado. aspx. cs，导入需要的命名空间。参考代码如下：

```
using System. Data;
using System. Data. SqlClient;
```

2. 页面加载时光标定位

在 exam_ado. aspx 文件的空白处双击自动创建页面的 Page _ Load 事件，添加代码实现当页面第一次加载时将光标定位在账号文本框中。参考代码如下：

```
1 if（！ Page. IsPostBack）
2 {
3        txtUserName. Focus（）;
4 }
```

代码功能描述：

第 1 行：通过 Page 对象的 IsPostBack 属性判断页面是否是第一次加载（当 IsPostBack 属性为 false 时，说明为第一次加载），如果是第一次加载则执行后面的代码。

第 3 行：通过 Focus 方法使文件框获得焦点。

3. 管理员添加功能实现

双击【添加】按钮，系统自动创建该按钮对应的 Click 事件。实现信息添加的设计思路如下：

➤定义变量，以保存用户输入信息。

➤验证用户输入数据的有效性，如果用户输入信息是合法数据，则将获取的信息保存到指定的变量中。否则提示错误信息，并还原控件状态，停止程序执行。

➤使用获取的用户合法数据，构造数据插入语句。

➤创建 Connection 对象实例，设置连接字符串，并打开与数据库的连接。

➤创建 Command 对象实例，设置相关属性，执行数据添加操作，并保存返回值。

➤根据保存的返回值，显示数据添加成功或失败。

在 Click 事件中添加代码实现管理员添加功能，参考代码如下：

```
string strUserName, strUsrPWD, strRealName, strCmd, strCnn;
int Flag = 0;
if（txtUserName. Text! = "" && txtUserPWD. Text! = ""&&txtRealName. Text! = ""）
{
    strUserName = txtUserName. Text. ToString（）;
    strUsrPWD = txtUserPWD. Text. ToString（）;
    strRealName = txtRealName. Text. ToString（）;
}
else
{
    lblMessage. Visible = true;
    lblMessage. Text = "用户账号、密码、真实姓名均不能为空,请重新输入!!";
    txtUserName. Text = "";
    txtUserPWD. Text = "";
    txtRealName. Text = "";
```

```
        txtUserName. Focus( ) ;
        return ;
}
strCmd = " insert into [ Users] ( UserName, UserPWD, RealName) values('" + strUserName +
    "','" + strUsrPWD + "','" + strRealName + "')" ;
strCnn = " server = . ; database = dbWebNews; uid = sa; pwd = sa123" ;
SqlConnection cnn = new SqlConnection( strCnn) ;
SqlCommand cmd = new SqlCommand( strCmd, cnn) ;
try
{
        cnn. Open( ) ;
        if ( cnn. State = = ConnectionState. Open)
        {
                Flag = cmd. ExecuteNonQuery( ) ;
                if ( Flag > 0)
                {
                        lblMessage. Visible = true ;
                        lblMessage. Text = " 成功写入用户信息!" ;
                }
                else
                {
                        lblMessage. Visible = true ;
                        lblMessage. Text = " 用户信息写入失败!" ;
                }
        }
}
catch ( Exception ex)
{
        throw new Exception( ex. Message. ToString( ) ) ;
}
finally
{
        cnn. Close( ) ;
        cnn. Dispose( ) ;
        cnn = null ;
}
```

使用 using 指令自动关闭数据库连接，并释放资源，数据库操作部分代码可以改写，参考代码如下：

```
try
{
    using ( cnn )
    {
        cnn. Open( ) ;
        Flag = cmd. ExecuteNonQuery( ) ;
        if ( Flag > 0 )
        {
            lblMessage. Visible = true ;
            lblMessage. Text = "成功写入用户信息!" ;
        }
        else
        {
            lblMessage. Visible = true ;
            lblMessage. Text = "用户信息写入失败!" ;
        }
    }
}
catch ( Exception ex )
{
    throw new Exception( ex. Message. ToString( ) ) ;
}
```

 思考与练习

1. 参考管理员信息的添加，实现指定账号、用户密码及真实姓名的修改功能。
2. 参考管理员信息的添加，实现指定账号用户信息的删除功能。

任务 3　使用 ADO. NET 对象获取可读写数据

 教学目标

◆掌握 DataAdapter 对象常用的属性、方法。
◆掌握 DataSet 对象常用的属性、方法。
◆学会使用 DataAdapter 对象、DataSet 对象返回可读写数据。
◆学会使用 GridView 控件显示数据。

任务描述

通过任务 2 的讲解，可以实现数据的添加、删除及更新操作。用户对数据库执行更新操作后，进入 SQL Server 2008 环境，通过查询可以验证更新后的数据。如何通过网页查看更新后的数据呢？这时就需要创建窗体，并使用 Select 语句或存储过程检索管理员信息表 Users 中的数据，将检索结果以表格的形式显示出来。本次任务实现使用 GridView 控件显示可读写的数据。

在任务 2 的基础上，完善 exam _ ado. aspx 页面的功能，实现：

➤ 当数据添加、删除、更新操作执行完毕后，在页面上显示更新后的数据。

➤ 添加数据查询功能，实现按账号查询管理员信息。

➤ 实现页面初次加载时，显示所有管理员信息。

以上功能都需要将数据以表格形式显示出来，GridView 控件是常用的数据绑定控件之一，使用它可以实现以表格形式显示获取数据的效果。通过分析不难得出，任务中多次需要为 GridView 控件绑定数据，基于面向对象的编程思想，可以封装一个用于实现为 GridView 控件绑定数据的方法。程序中需要执行此功能的时候直接调用该方法即可。

数据显示的关键问题是获取数据，如果想要获取可读写的数据，则需要用到 DataAdapter 对象和 DataSet 对象。

获取可读写的数据并执行数据绑定的步骤如下：

第一步：通过 Connection 对象创建与数据库的连接。

第二步：通过 Command 对象确定要执行的操作。

第三步：调用 DataAdapter 对象的方法填充 DataSet 对象。

1）创建 DataAdapter 对象实例。

2）将 Command 对象的引用传递给 DataAdapter 对象，以确定要执行的操作等信息。

3）通过 DataAdapter 对象的 SelectCommand 属性从数据库中检索所需数据。

4）调用 DataAdapter 对象的 Fill 方法把检索出来的数据填充到 DataSet 对象。

第四步：将返回的数据集指定给数据绑定控件，执行数据绑定。

 知识链接

一、DataSet 对象

DataSet 对象又称为数据集对象，是 ADO. NET 的核心。该对象不依赖于任何数据源，因此使用 DataSet 对象访问数据库的模式也称为离线数据访问模式。DataSet 对象是数据的一种内存驻留形式，用来存储从数据源中获取的数据。无论来自什么类型数据源的数据，它都会提供一致的关系编程模型。

数据集对象相当于内存中暂存的数据库，它把数据存储在一个或多个 DataTable（数据表）中，每个数据表可由来自唯一数据源中的数据组成。该对象不仅可以存储多个数据表，还可以存储数据表之间的关系和约束，这三部分组成了 DataSet 对象的关系数据结构。每个数据表又包含 DataRow 和 DataColumn，分别存放数据表中行数据信息和列的定义。用户可以像直接操作数据库一样，对数据集对象中包含的表的行和列执行操作。

数据表中所有的 DataRow 组成了 DataRowCollection 对象，所有的 DataColumn 组成了 DataColumnCollection 对象，数据表之间关系的集合就是 DataRelationCollection 对象等。DataSet 对象模型如图 4-5 所示。

DataSet 对象的 Tables 属性用于获取包含在 DataSet 中的表的集合。使用该属性可以获取内存中 DataSet 对象的具体某个表。

二、DataAdapter 对象

DataAdapter 对象也称为数据适配器对象，是 DataSet 对象和目标数据库之间的桥梁。DataAdapter 对象和 DataSet 对象配合提供一种离线数据访问机制。DataAdapter 对象仅仅在需要填充 DataSet 对象时才创建并使用数据库连接，完成操作之后就解除数据库的锁定，释放所有资源。DataSet 对象是数据在内存中的表示，DataAdapter 对象负责处理数据的数据源格式与 DataSet 使用格式之间的转换，即每次将从数据库中检索的数据填充到 DataSet 对象时，或通过写 DataSet 来改变数据库时，DataAdapter 均提供两种数据格式之间的转换。

DataAdapter 对象里包含了 Connection 对象，当对数据源进行读取或者写入操作的时候，DataAdapter 对象会自动地打开或者关闭连接。DataAdapter 对象还包含对数据的 Select、Insert、Update 和 Delete 操作的 Command 对象引用。DataAdapter 对象常用的属性/方法及说明见表 4-9。

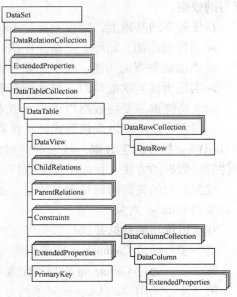

图 4-5　DataSet 对象模型

表 4-9　DataAdapter 对象常用属性/方法及说明

属性/方法	说　　明
DeleteCommand 属性	获取或设置一个 T-SQL 语句或存储过程,实现从数据源删除记录
Fill 方法	向数据库提交 T-SQL 语句,并把从数据库中读取的数据行填充至 DataSet 对象
InsertCommand 属性	获取或设置一个 T-SQL 语句或存储过程,实现在数据源中插入新记录
SelectCommand 属性	获取或设置一个 T-SQL 语句或存储过程,实现在数据源中选择记录
Update 方法	在 DataSet 对象中的数据有所改动后更新数据源
UpdateCommand 属性	获取或设置一个 T-SQL 语句或存储过程,实现更新数据源中的记录

1. Fill 方法

Fill 方法实现向数据库提交 T-SQL 语句，并把从数据库中获取的数据行填充至 DataSet 对象，是 DataAdapter 对象最重要的方法。常用的语法是：

DataAdapter 对象 . Fill（DataSet 对象，临时表名）

参数"DataSet 对象"表示查询结果所要填充的 DataSet 对象。"临时表名"则是将填充的数据使用给定的临时表名存储。

例：从管理员信息表 Users 中检索可读写数据，将数据保存到 DataSet 临时表 tempUsers 中，参考代码如下：

```
1 string strCmd, strCnn;
2 strCmd = " select  *  from［Users］";
3 strCnn = " server = . ;database = dbWebNews;uid = sa;pwd = sa123";
```

```
4 SqlConnection cnn = new SqlConnection( strCnn);
5 SqlCommand cmd = new SqlCommand( strCmd, cnn);
6 SqlDataAdapter dap = new SqlDataAdapter ( );
7 dap. SelectCommand = cmd;
8 DataSet ds = new DataSet ( );
9 dap. Fill( ds, "tempUsers");
```

代码功能描述：

第 1 行：定义 string 类型的变量 strCmd 和 strCnn。

第 2 行：将数据检索语句保存到变量 strCmd 中。

第 3 行：将连接字符串保存到变量 strCnn 中。

第 4 行：创建 SqlConnection 对象，并指定连接字符串。

第 5 行：创建 SqlCommand 对象，并指定要执行的 T-SQL 语句和连接对象。

第 6 行：创建 SqlDataAdapter 对象。

第 7 行：设置 SqlDataAdapter 对象的 SelectCommand 属性。

第 8 行：创建 DataSet 对象。

第 9 行：调用 SqlDataAdapter 对象的 Fill 方法，将检索结果填充到 DataSet 对象的临时表 tempUsers 中。

其实，DataAdapter 对象的构造函数有 4 种格式的重载，上例第 6 行语句使用的是第 1 种格式，即只创建 DataAdapter 对象。在 4 种格式的重载中，最常用的是第 4 种格式，这种格式原型（以 SqlDataAdapter 对象为例）为

SqlDataAdapter. SqlDataAdapter (string selectCommandText, string selectConnectionString)

此格式表示：在创建 SqlDataAdapter 对象的同时，指定要执行的 T-SQL 语句或存储过程和连接字符串。其中，string 类型的参数 selectCommandText 表示要执行的 T-SQL 语句或存储过程；string 类型的参数 selectConnectionString 表示创建数据库连接的连接字符串。使用这种格式，上面的代码可以改写为

```
string strCmd, strCnn;
strCmd = " select * from [ Users]";
strCnn = " server = . ; database = dbWebNews; uid = sa; pwd = sa123";
SqlDataAdapter dap = new SqlDataAdapter( strCmd, strCnn);
DataSet ds = new DataSet ( );
dap. Fill( ds, "tempUsers");
```

2. 使用 DataSet 编辑数据

DataSet 是面向无连接的对象，如果改变了它存储的内容，就必须将改动写回数据库。通常情况下是将从数据库中检索的数据写入 DataSet，更改 DataSet 中的内容；更改完成后，再调用 DataAdapter 对象的 Update 方法，并根据 DataSet 内的数据更新情况，分别应用 InsertCommand 属性、UpdateCommand 属性和 DeleteCommand 属性的 Command 命令将数据写回数据库。

在填充 DataSet 时，Fill 方法为 DataSet 中的每条记录关联一个 RowState 值，初始值设置为 Unchanged；Added 被赋值给一个新增加的行，Deleted 被赋值给一个被删除的行，Detached 被赋值给一个被移走的行，Modified 被赋值给被更改的行。

调用 Update 方法时，该方法检测 DataSet 对象里面的每一条记录，分析 RowState 值，当这个值不再是 Unchanged，也就是表示 DataSet 对象中的数据发生了改变，然后再调用相应的 SQL 命令来执行相关的更新、插入和删除操作。那么怎样设置用于更新数据源的 SQL 语句及参数呢？答案是使用 CommandBuilder 对象。借助该对象，系统可根据内存数据表自建立以来的变化情况，自动生成 InsertCommand 属性、UpdateCommand 属性和 DeleteCommand 属性，并提供相应的单一命令的方法，自动协调 DataSet 对象，通过 DataAdapter 对象对后台数据库执行各种操作，该方式适用于批量数据更新操作。

例：使用 DataSet 对象实现向管理员信息表中添加一条数据。参考代码如下：

```
1 string strCmd,strCnn;
2 strCmd = "select * from [Users]";
3 strCnn = "server = . ;database = dbWebNews;uid = sa;pwd = sa123";
4 SqlDataAdapter dap = new SqlDataAdapter(strCmd,strCnn);
5 DataSet ds = new DataSet();
6 dap. Fill(ds,"tempUsers");
7 SqlCommandBuilder builder = new SqlCommandBuilder(dap);
8 DataTable table = ds. Tables["tempUsers"];
9 DataRow row = table. NewRow();
10 Row["UserName"] = "张三";
11 Row["UserPWD"] = "zhangsan";
12 Row["RealName"] = "张三";
13 table. Rows. Add(row);
14 dap. Update(table);
```

部分代码功能描述：

第7行：创建 SqlCommandBuilder 对象。

第8行：将临时表 tempUsers 中的数据保存到数据表 table 中。

第9行：添加一个空的数据行，结构与数据表 table 的结构相同。

第10~12行：设置新添加数据行各字段的值。

第13行：将新添加的数据行添加到数据表 table 中。

第14行：将数据表 table 中的数据更新到数据源。

三、数据绑定控件

可以配置数据源的控件称为数据绑定控件。在 ASP. NET 3.5 中，所有的数据绑定控件都由 BaseDataBoundControl 抽象类派生而来。常用的 Web 数据绑定控件有 DropDownList 控件、GridView 控件、DetailsView 控件、Repeater 控件等。数据绑定控件常用的属性/方法及说明见表4-10。

表 4-10　数据绑定控件常用的属性/方法及说明

属性/方法	说　明
DataSource 属性	指定数据绑定控件的数据源,浏览页面时将从这个数据源中获取数据并显示
DataSourceID 属性	指定数据绑定控件的数据源控件的 ID,浏览页面时将根据 ID 找到对应的数据源控件,并利用数据源控件中指定方法获取数据并显示
DataBind 方法	当指定了数据绑定控件的 DataSource 属性或 DataSourceID 属性之后,调用 DataBind 方法才会显示绑定的数据

需要说明的是，在为数据绑定控件绑定数据时，DataSource 属性和 DataSourceID 属性只能指定一个，两个属性不能同时使用。

四、GridView 控件

GridView 控件是数据绑定列表控件，以表格形式显示数据源中的数据集，每列表示一个字段，每行表示一条记录。该控件不仅提供了内置的分页、排序、选择、更新和删除功能，还可以通过主题和样式自定义控件的外观，实现不同格式的数据显示，同时还支持以编程方式动态设置属性以及事件处理等功能。

GridView 控件的 AutoGenerateColumns 属性用来设置是否按数据源中字段自动生成绑定字段，其默认值为 true。如果需要手动设置绑定字段，该属性的值必须设置为 false。

GridView 控件提供不同的列类型，列类型决定控件中各列的行为。用户可以根据需要自己定制 GridView 控件，实现数据显示。GridView 控件可以使用的列类型见表 4-11。

表 4-11　GridView 控件列类型及说明

列类型	说　明
BoundField	是默认的数据绑定类型,通常用于显示普通文本
ButtonField	创建用于选择、添加、删除等操作的命令按钮列
CheckBoxField	用复选框控件显示布尔类型数据,通常用于绑定布尔类型数据
CommandField	提供创建命令按钮列的功能,所创建的命令按钮可以呈现为普通按钮、超链接或图片等外观,能够实现数据选择、编辑、删除和取消等操作
HyperLinkField	所绑定的数据以超链接的形式显示
ImageField	所绑定的数据以图片的形式显示
TemplateField	在模板中自定义所绑定数据的显示格式

BoundField 绑定列有 4 个常用属性，分别是：

➢ DataField 属性：用于设置绑定数据所对应的字段名。

➢ DataFormatString 属性：用于设置绑定数据的显示格式，例如：{0:d}以日期格式显示绑定值。

➢ HeaderText 属性：用于设置显示在表头位置的列名称。

➢ NullDisplayText 属性：用于设置当获取的数据为空时，显示在单元格的文本内容。

选中 GridView 控件，单击该控件右上方的智能显示标记，即可打开【GridView 任务】对话框，如图 4-6 所示。

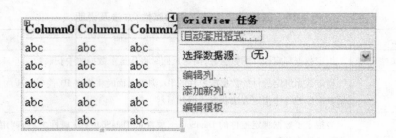

图 4-6 【GridView】任务对话框

单击【GridView 任务】中的【编辑列】，系统将打开如图 4-7 所示的【字段】对话框，通过该对话框可以手动设置 GridView 控件的列。

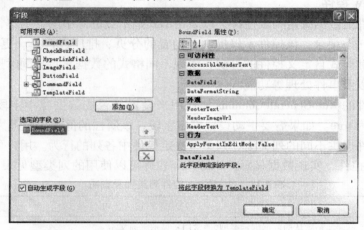

图 4-7 【字段】对话框

该对话框左上方显示了【可用字段】，选择所需的字段类型，单击【添加】按钮，所选择的字段类型就会在【选定的定段】中显示出来。同时，窗口的右侧会显示该字段类型的属性，可以设置它的【可访问性】、【数据】、【外观】、【行为】、【样式】等属性。

可以为 GridView 控件添加多个绑定字段，并设置所选字段属性。在【选定的字段】右侧有三个按钮，功能如下：

【向上】按钮：用来将选定的字段向前移动。

【向下】按钮：用来将选定的字段向后移动。

【删除】按钮⊠：用来删除选定的字段。

左侧最下边【自动生成字段】复选框默认为选中状态，对应 GridView 控件的 AutoGenerateColumns 属性的默认值为 true。

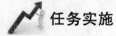 任务实施

实现本次任务描述中提到的功能，步骤如下：

一、添加控件，实现页面布局

1）打开任务 2 创建的窗体文件 exam_ado. aspx，页面的设计效果如图 4-8 所示。

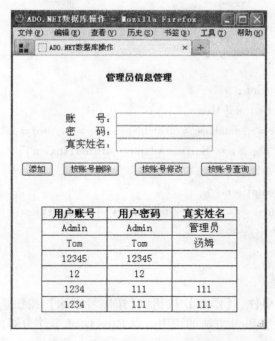

图 4-8   管理员信息管理页面效果图

2）切换至"设计"视图，添加 1 个按钮，该按钮实现按账号查询功能。

3）添加 GridView 控件显示获取数据。

4）设置 GridView 控件相关属性，同时为 GridView 控件添加三个 BoundField 列，并设置绑定列属性。相关属性设置见表 4-12。

表 4-12   相关属性设置

控件属性			
控件类型	控件 ID	属性名称	属性值
Button	btnSelect	Text	按账号查询
GridView	gvUsers	AutoGenerateColumns	false
绑定列属性			
绑定列	属性名称		属性值
第一绑定列	DataField		UserName
	HeaderText		用户账号
第二绑定列	DataField		UserPWD
	HeaderText		用户密码
第三绑定列	DataField		RealName
	HeaderText		真实姓名

二、编写代码，实现程序功能

1. 封装 gvBind 方法

打开 exam_ado. aspx 的代码文件，在 exam_ado 类中封装名为 gvBind 的方法，用以实现为

GridView 控件绑定数据。参考代码如下：

```
protected void gvBind( )
{
    string strCmd,strCnn;
    strCmd = " select * from[ Users]";
    strCnn = " server = . ;database = dbWebNews;uid = sa;pwd = sa123";
    SqlDataAdapter dap = new SqlDataAdapter( strCmd,strCnn);
    DataSet ds = new DataSet( );
    dap. Fill( ds," tempUsers");
    gvUser. DataSource = ds. Tables[ " tempUsers"]. DefaultView;
    gvUser. DataBind( );
}
```

2. 调用 gvBind 方法

分别在 Page_Load 事件、【添加】按钮、【按账号删除】按钮、【按账号修改】按钮的 Click 事件末尾，添加对 gbBind 方法的调用。以 Page_Load 事件为例，参考代码如下：

```
if( ! Page. IsPostBack)
{
    txtUserName. Focus( );
    gvBind( );
}
```

3. 实现数据查询

切换到 exam_ado. aspx 文件的【设计】视图，双击【按账号查询】按钮，创建按钮的 Click 事件，编写代码实现数据查询功能。参考代码如下：

```
string strCmd,strCnn;
if( txtUserName. Text! = " ")
{
    strCmd = " select * from[ Users]where UserName = '" +
        txtUserName. Text. ToString( ) + "'";
}
else
{
    lblMessage. Visible = true;
    lblMessage. Text = "用户账号不能为空,请重新输入!!";
    txtUserName. Text = " ";
    txtUserPWD. Enabled = false;
    txtRealName. Enabled = false;
```

```
        txtUserName. Focus( );
        return;
    }
    strCnn = "server = . ;database = dbWebNews;uid = sa;pwd = sa123";
    SqlDataAdapter dap = new SqlDataAdapter( strCmd,strCnn);
    DataSet ds = new DataSet( );
    dap. Fill( ds,"tempUsers");
    gvUser. DataSource = ds. Tables[ "tempUsers" ]. DefaultView;
    gvUser. DataBind( );
```

 思考与练习

1. 简单描述 DataAdapter 对象及 DataSet 对象。
2. 简单描述 GridView 控件的功能。
3. 检索管理员信息表中的所有数据并显示出来。

任务4　数据库访问常用方法封装

 教学目标

◆ 学会创建 App _ Code 文件夹，并了解该文件夹的功能。
◆ 学会创建代码文件，并实现常用方法的封装。
◆ 了解系统配置文件 web. config 及各节点的用途。

任务描述

　　数据的添加、删除、修改及查询等功能是数据库操作的常用功能，基于面向对象的编程思想，可以将此类功能单独封装到一个类中。这样，以后在需要的时候就可以直接调用，从而实现对应的功能。如何进行类的封装，封装好的类放在什么位置，将是本次任务需要解决的问题。

　　通过对数据的添加、删除、修改及查询等功能的分析，不难发现他们之间的共同点：

➢ 都要设置连接数据库的连接字符串。

➢ 对于数据的添加、删除、修改操作来讲只有要执行的 T-SQL 语句或存储过程不同，其他部分完全相同。即都是执行对应的 T-SQL 语句或存储过程，并返回执行该操作所影响到的记录行数。

➢ 对于数据查询操作，设计思路也基本相同，即执行数据查询，返回查询的结果。

　　所以得出结论：

➢ 创建一个类，实现涉及数据库操作常用方法的封装。

➢ 将连接字符串保存到 Web 应用程序的配置文件中，在类的构造函数中获取连接字符串。

➢ 封装一个方法，用来实现数据的添加、删除、修改等操作，该方法包含一个字符串类型的形式参数，这个参数表示要执行的 T-SQL 语句或存储过程。

➢ 封装一个方法，用来实现获取查询的结果，并将其保存到数据集中，该方法包含一个字符串类型的形式参数，这个参数表示要执行的查询语句或存储过程。

另外，还有一个方法需要封装，该方法可以实现执行查询，并返回查询结果中第一行第一列的值，该方法包含一个字符串类型的形式参数，这个参数表示要执行的查询语句或存储过程。

 知识链接

一、系统配置文件 web. config

在创建 Web 应用程序的时候，系统会自动在站点根目录下创建系统配置文件 web. config。web. config 继承了 . NET Framework 安装目录下的 machine. config 配置文件，machine. config 配置文件存储了影响整个机器的配置信息，不管应用程序位于哪个应用程序域中，都将具有 machine. config 配置文件中定义的配置。web. config 继承了 machine. config 中的大部分设置，同时允许开发人员添加自定义配置，或覆盖 machine. config 中已有的配置。例如，可以把页面访问超时设置、定制出错页面、安全设计和授权级别等信息存储在 web. config 文件中。

Web 应用程序可以包含多个 web. config 文件，所有子目录中的 web. config 文件都继承根目录下 web. config 文件的配置设置。如果想修改子目录的配置设置，可以在该子目录下新建一个 web. config 文件，它可以提供除从父目录继承的配置信息以外的配置信息，也可以重写或修改父目录中定义的设置。

web. config 文件是一个标准的 XML 文档，该文件严格区分大小写，所有的配置信息都位于 < configuration > 节点内。< system. web > 节点内则包含了核心 ASP. NET 配置设置。用户可以在 Visual Studio 2008 中打开 web. config 文件查看和编辑它的内容。web. config 文件主要包括以下配置节点。

1. < appSettings > 节点

< appSettings > 节点主要用来存储 ASP. NET 应用程序的一些配置信息，比如上传文件的保存路径等，通常用来自定义一些常量，add 子节点用于添加一个常量，key 属性用于设置常量的名称，value 属性用于设置常量的值。

例：添加一个常量，常量名称为 ImageType，其值为 ". jpg;. bmp;. gif;. png;. jpeg"，即设置了允许上传的图片格式类型。具体配置如下：

```
< appSettings >
    < add key = "ImageType" value = ". jpg;. bmp;. gif;. png;. jpeg"/ >
</appSettings >
```

用户可以使用 System. Configuration. ConfigurationManager. AppSettings("ImageType")访问 < appSettings > 节点中指定的键/值对。

remove 子节点用来删除特定的设置；clear 子节点用来删除包含在 appSettings 中的所有设置。例如：

```
< appSettings >
    < clear / >
</ appSettings >
```

2.　< connectionStrings > 节点

　　< connectionStrings > 节点主要用于配置数据库连接，用户可以在 < connectionStrings > 节点中增加任意个节点来保存数据库连接字符串，在程序中通过代码的方式动态获取节点的值。Add 子节点用于添加一个连接字符串常量，name 属性用于设置连接字符串常量的名称，connectionString 属性用于设置连接字符串常量的值。

　　例：添加一个连接字符串配置，配置名称为 strCnn，值为"server = localhost; database = Test; uid = test; pwd = test;"。具体配置如下：

```
< connectionStrings >
    < add  name = " strCnn" connectionString = " server = localhost; database = Test; uid = test;
    pwd = test;"/ >
</ connectionStrings >
```

　　可以在页面中使用下面的代码来访问新添加的设置：

```
System. Configuration. ConfigurationManager. ConnectionStrings( " strCnn" ). ToString( )
```

3.　< system. web > 节点

　　< system. web > 节点是关于整个应用程序的设置。

4.　< sessionState > 节点

　　< sessionState > 节点为当前应用程序设置会话状态。如是否启用会话状态，指定会话状态保存的位置等。该节点中包含以下属性（其中，mode 为必选属性，其他为可选属性）。

　　➢ Mode 属性　指定会话状态存储的位置。Mode 属性可以是以下几种值之一：

- ● Custom：使用自定义数据来存储会话状态数据。
- ● InProc：默认值，表示会话状态存储在本地计算机上。
- ● Off：禁用会话状态。
- ● SQLServer：表示会话状态存储在 SQL Server 数据库中。
- ● StateServer：表示会话状态存储在远程另一台计算机上。

　　➢ Cookieless 属性　指定是否使用 Cookie 会话。默认值为 false，表示使用 Cookie 会话。

　　➢ Timeout 属性　指定在放弃一个会话前，该会话可以处于空闲状态的时间。默认值为 20，时间单位为 min。

　　例：在下面的示例中指定在本地存储会话状态，不使用 Cookie，并且会话超时时间为 20min。

```
< configuration >
< system. web >
```

```
    < sessionState mode = " InProc"  cookieless = " true"  timeout = "20" / >
  < / system. web >
  < / configuration >
```

5. < compilation > 节点

< compilation > 节点配置 ASP. NET 使用的所有编译设置。默认的 debug 属性为 true，可将调试符号插入到已编译的页面中，即允许调试，在这种情况下会影响网站的性能，所以在程序编译完成交付使用时应将其设为"false"。

6. < pages > 节点

< pages > 节点特定于对页的配置设置，如是否启用会话状态、是否启用视图状态、是否检测用户的输入等。主要属性如下：

➢ Buffer 属性　表示是否启用了 HTTP 响应缓冲。

➢ EnableViewStateMac 属性　表示是否当页面从客户端回发时对页的视图状态运行消息验证检查（MAC），以防止用户篡改。默认为 false，表示禁用消息验证检查。如果设置为 true 将会引起性能的降低。

➢ ValidateRequest 属性　表示是否验证用户输入中有跨站点脚本攻击和 SQL 注入式漏洞攻击，默认为 true，即检测用户在浏览器输入的内容中是否存在潜在的危险数据。

例：不检测用户在浏览器输入的内容中是否存在潜在的危险数据（注：该项默认是检测，如果你使用了不检测，一定要对用户的输入进行编码或验证），从客户端回发页时将检查加密的视图状态，以验证视图状态是否已在客户端被篡改。具体如下：

```
< pages buffer = " true" enableViewStateMac = " true"  validateRequest = "false" / >
```

7. < globalization > 节点

< globalization > 节点用于配置应用程序的全球化设置，如编码格式和文化信息等。此节点有几个比较重要的属性，分别如下：

➢ fileEncoding 属性：可选属性，用于设置 . aspx、. asmx 和 . asax 文件的存储编码。

➢ requestEncoding 属性：可选属性，用于设置客户端请求的编码，默认为 UTF-8。

➢ responseEncoding 属性：可选属性，用于设置服务器端响应的编码，默认为 UTF-8。

例：设置文件的存储编码为默认设置，客户端请求的编码为简体中文编码，服务器端响应编码也是简体中文编码，具体配置如下：

```
< globalization fileEncoding = " utf-8" requestEncoding = " gb2312"
responseEncoding = " gb2312" / >
```

8. < authentication > 节点

< authentication > 节点可以配置 ASP. NET 使用的安全身份验证模式，以标志登录的用户。该节点有四种身份验证模式，分别如下：

➢ Windows 模式　使用 Windows 身份验证，适用于域用户或者局域网用户。

➢ Forms 模式　使用表单验证，依靠网站开发人员进行身份验证。

➢ Passport 模式　使用微软提供的身份验证服务进行身份验证。

➢ None 模式　不进行任何身份验证。

例：配置 ASP. NET 使用的安全身份验证模式为 Windows 身份验证，具体如下：

```
< authentication mode = " Windows"/ >
```

9. < authorization > 节点

< authorization > 节点用来设置应用程序的授权策略，它控制对 URL 资源的客户端访问。在这个节点下存在两个子节点：< allow > 节点和 < deny > 节点。其中，< allow > 节点用来允许对资源的访问；< deny > 节点用来拒绝对资源的访问。

在运行时，ASP. NET 将在 < authorization > 节点中查找 < allow > 节点和 < deny > 节点，直到它找到适合特定用户的第一个访问规则。然后，它根据找到的第一项访问规则是 < allow > 还是 < deny > ，来允许或拒绝对 URL 资源的访问。

例：禁止匿名用户访问，具体配置如下：

```
< authorization >
    < deny users = " ?"/ >
</authorization >
```

10. < customErrors > 节点

< customErrors > 节点用来配置自定义错误信息。此节点有 DefaultRedirect 和 Mode 两个属性：

➢ DefaultRedirect 属性　可选属性，表示应用程序发生错误时重定向到的默认 URL，如果没有指定该属性则显示一般性错误。

➢ Mode 属性　必选属性，它有三个可能值，它们所代表的意义分别如下：

● On：指定启用自定义错误。如果未指定 defaultRedirect，用户将看到一般性错误。

● Off：指定禁用自定义错误。这时将始终显示 ASP. NET 的详细错误信息页面。

● RemoteOnly：指定仅向远程客户端显示自定义错误，并且向本地主机显示 ASP. NET 错误。其为默认选项。

另外，< customErrors > 节点中还包含一个 < error > 子节点，它用来定义自定义错误条件，并且用户可以使用它指定多个自定义错误条件。注意要使 < error > 子节点下的配置生效，必须将 < customErrors > 节点的 Mode 属性设置为 "On"。

例：当发生错误时，将网页跳转到自定义的错误页面 ErrorPage. htm，具体设置如下：

```
< customErrors mode = " On" defaultRedirect = " ErrorPage. htm" >
    < error statusCode = " 403" redirect = " 403. htm" / >
</customErrors >
```

二、应用程序文件夹 App _ Code

App _ Code 文件夹是 Web 应用程序特定类型的文件夹，位于站点根目录下。App _ Code 文件夹存储所有作为应用程序的一部分且需要动态编译的类文件。这些类文件自动链接到应用程序，而不需要在页面中添加任何显式指令或声明来创建依赖性。

需要指出的是：在开发时，对 App _ Code 文件夹的更改会导致整个应用程序重新编译。

因此建议将代码进行模块化处理，创建不同的类文件，按逻辑上相关的类集合进行组织。应用程序专用的辅助类大多放置在 App_Code 文件夹中。

 任务实施

在站点根目录下创建 App_Code 文件夹，新建类文件，实现数据库操作常用方法的封装。步骤如下：

一、添加节点保存连接字符串

在【解决方案资源管理器】的站点根目录下双击 web. config 文件，修改 < connection-Strings > 节点，设置连接数据库的连接字符串。参考代码如下：

```
< connectionStrings >
    < add name = " strCnn" connectionString = " server = . ; database = dbWebNews; uid = sa;
    pwd = sa123" / >
</ connectionStrings >
```

二、创建类库文件

1. 创建 App _ Code 文件夹

在【解决方案资源管理器】的站点文件夹节点单击右键，在弹出的快捷菜单中选择【添加 ASP. NET 文件夹】下的【App_Code】命令，创建 App_Code 文件夹，如图 4-9 所示。

图 4-9　创建 App_Code 文件夹

2. 添加类库文件

在 App _ Code 文件夹节点上单击右键，在弹出的快捷菜单中选择【添加新项】命令，系统将弹出【添加新项】对话框，如图 4-10 所示。选择要创建的文件类型为【类】，输入文件名称为 SQLDataAccess. cs，单击【添加】按钮。这样就创建了名为 SQLDataAccess. cs 的类文件，并自动在编辑区域打开它。

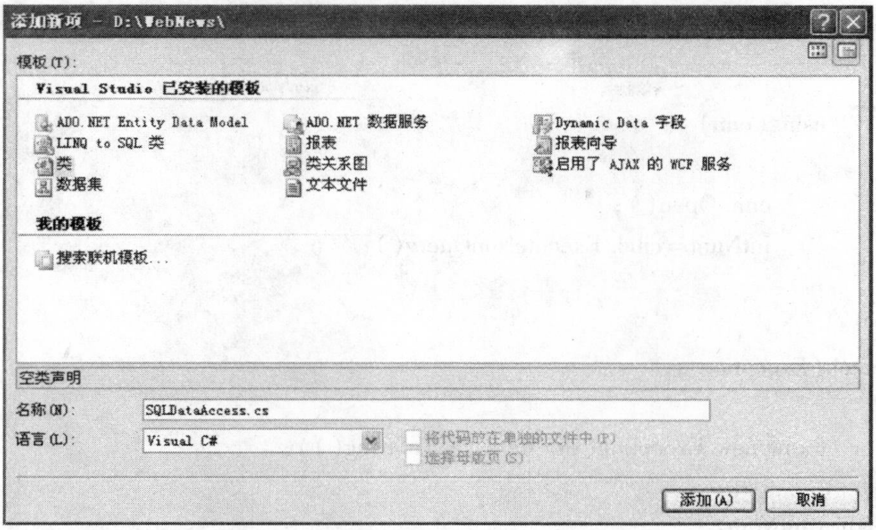

图 4-10　添加类库文件对话框

3. 修改构造函数

设置在创建类的实例时，自动获取连接字符串，需要修改其构造函数，并把获取的值保存到全局变量中。参考代码如下：

```
string strCnn;
public SQLDataAccess( )
{
strCnn = System. Configuration. ConfigurationManager. ConnectionStrings[ "strCnn" ]. ToString( ) ;
}
```

4. 导入命名空间

要访问 SQL Server 数据库，导入数据库操作及访问 SQL Server 数据库对应的命名空间，参考代码如下：

```
using System. Data ;
using System. Data. SqlClient ;
```

5. 封装 GetAffectedLine 方法

封装 GetAffectedLine 方法，实现执行添加、删除和更新操作，并返回执行该操作所影响到的记录行数。参考代码如下：

```
public int GetAffectedLine( string strCmd )
{
    SqlConnection cnn = new SqlConnection( strCnn ) ;
    SqlCommand cmd = new SqlCommand( strCmd ,cnn ) ;
    int intNum ;
```

```
    try
    {
        using(cnn)
        {
            cnn. Open( );
            intNum = cmd. ExecuteNonQuery( );
        }
    }
    catch(Exception ex)
    {
        throw new Exception( ex. Message. ToString( ) );
    }
    return intNum;
}
```

6. 封装 GetDataSet 方法

封装 GetDataSet 方法，实现执行查询获取的数据集。参考代码如下：

```
public DataSet GetDataSet(string strCmd)
{
    SqlConnection cnn = new SqlConnection(strCnn);
    SqlDataAdapter dap = new SqlDataAdapter(strCmd,cnn);
    DataSet ds = new DataSet( );
    try
    {
        using(cnn)
        {
            dap. Fill(ds, "tempTable");
        }
    }
    catch(Exception ex)
    {
        throw new Exception( ex. Message. ToString( ) );
    }
    return ds;
}
```

7. 封装 GetFirLineFirColumn 方法

封装 GetFirLineFirColumn 方法，实现返回执行结果的第一行第一列。参考代码如下：

```
public object GetFirLineFirColumn( string strCmd)
{
    SqlConnection cnn = new SqlConnection( strCnn) ;
    SqlCommand cmd = new SqlCommand( strCmd, cnn) ;
    object objValue = new object( ) ;
    try
    {
        using( cnn)
        {
            cnn. Open( ) ;
            objValue = cmd. ExecuteScalar( ) ;
        }
    }
    catch( Exception ex)
    {
        throw new Exception( ex. Message. ToString( ) ) ;
    }
    return objValue ;
}
```

思考与练习

1. 在系统配置文件中添加页面访问超时设置、定制出错页面。
2. 简述 App _ Code 文件夹的功能。

项目5　后台登录模块的设计与实现

管理员登录是多数 Web 应用程序需要实现的功能模块，也是本书案例重要的功能模块之一。大部分 Web 应用程序可以实现网页的动态更新及远程管理，不是任何人都具有动态更新、远程管理的权限，只有管理员才具有该权限。对于大型或超大型的系统来讲，管理员也是分级别的，不同级别的管理员，分配了不同的权限。本项目将介绍新闻发布系统后台登录模块的设计思路及实现方法。

本项目涉及的知识点：主题、皮肤、Response 对象、Session 对象、Parameters 对象。

任务1　后台登录界面设计

教学目标

◆ 了解并创建 App_Themes 文件夹。
◆ 掌握主题、皮肤文件的使用方法。
◆ 掌握 Response 对象的使用。
◆ 掌握验证码的生成方法。
◆ 理清后台登录界面设计思路，实现后台登录界面设计。

任务描述

为增强模块的通用性，本案例新闻发布系统的后台管理分为两级权限，分别是普通管理员（简称管理员）和超级管理员。不同权限的管理员成功登录后，可以实现对系统的分级管理。管理员登录模块设计效果如图 5-1 所示。

由图 5-1 可知，管理员在登录时需要输入用户名（即管理员登录账号）、登录密码及随机生成的验证码，还需要单击【登录系统】按钮进行用户身份验证。整个设计界面由一张图片作为背景，页面布局使用 DIV + CSS 来实现。

知识链接

一、CSS 层叠样式表

CSS（层叠样式表）是 Cascading Sytle Sheets 的缩写。CSS 用来为 Web 应用程序的页面添加样式，实现页面布局；它还有一个重要的目标是将 HTML 文件的内容与它的格式设置分离开来，使 HTML 文件中只包含页面结构与

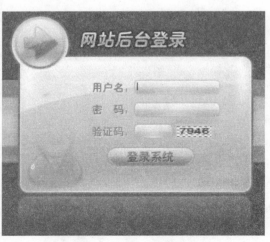

图 5-1　管理员登录效果图

页面内容，页面的格式设置放在独立的样式表文件中。

一个样式表一般由若干样式规则组成，每条样式规则都可以看作是一条 CSS 的基本语句，CSS 基本语句的定义由选择器（selector）和写在花括号里的声明两部分组成，声明通常由几组用分号分隔的属性（properties）和值（value）组成，属性和值之间用冒号分隔。CSS 语句的结构如下：

选择器{属性 1:值 1;属性 2:值 2;……}

选择器一般有标签选择器、类别选择器、ID 选择器等 6 种类型。

1. 标签选择器

直接声明某个 HTML 标签的属性，例如：

body{color:black;text-align:center;font-family:"sans serif"}

上面这条样式规则定义了页面中文本的颜色是黑色，文本对齐方式是居中对齐，文本字体是 sans serif。

标签选择器定义好后直接应用于添加了样式表引用页面的对应标签。

2. 类别选择器

类别选择器由"."开头 + 任意字符构成，一般情况下"任意字符"并不是随意的，而是具有某种意义的标志符。例如：

.LoginSytle{color:black;text-align:center;font-family:"sans serif"}

这条样式规则定义了名为 LoginSytle 的类别选择器。从字面上不难看出设计者定义的是登录页面的样式。

类别选择器定义之后，可以在要应用该样式规则的任意标签中使用 class = "类别标志符"的方法引用。例如定义了名为 LoginSytle 的类别选择器，在页面的一个 div 标签中引用该样式规则，参考代码如下：

< div class = "LoginSytle" >类别选择器引用举例</div >

3. ID 选择器

ID 选择器由"#"开头 + 任意字符构成，同样，一般情况"任意字符"是具有某种意义的标志符。例如：

#LoginSytle{color:black;text-align:center;font-family:"sans serif"}

这条规则定义了名为 LoginSytle 的 ID 选择器。

ID 选择器定义后，可以在要应用该样式规则的任意标签中使用 ID = "ID 标志符"的方法引用。例如：

< div ID = "LoginSytle" >ID 选择器引用举例</div >

4. 群选择器

群选择器可以实现为多个已定义的选择器进行相同的格式设置。群选择器的定义是用

"，"将多个标志符隔开，例如：

p,li{color:black;text-align:center;font-family:"sans serif"}

5. 派生选择器

派生选择器用来为一个标签里的子标签定义样式规则，例如：

p span{font-size:12px;text-align:left;}

这条样式规则定义了 p 标签的 span 子标签的样式。

派生选择器定义后，引用代码如下：

<p><span>派生选择器引用举例</span></p>

子标签 span 中文本"派生选择器引用举例"会按其定义的样式显示。

6. 伪类选择器

伪类选择器用来定义页面中超级链接的各种状态样式，即 a、a:link、a:visited、a:hover 和 a:active。例如：

a{text-decoration:none;color:#C8FEB6;}

该样式规则定义了超级链接不加下划线等修饰、链接文本颜色为#C8FEB6。

二、App＿Themes 文件夹

1. 主题

Web 应用程序可以为浏览者提供根据自己喜好定制页面布局和风格的功能。该功能可以使用主题来实现，在 ASP. NET 应用程序中主题在该 Web 应用程序或 Web 服务器的特殊目录中定义。

主题是指页面和控件外观设置的集合，由皮肤文件、级联样式表文件、图片和其他资源文件组成，其中皮肤文件是主题不可缺少的。皮肤文件也称外观文件，其扩展名是 .skin，包含各个 Web 服务器控件的属性设置。

主题分为全局主题和页面主题。

页面主题存储在某个 Web 应用程序站点根目录下名为 App＿Themes 的特殊文件夹中。在 Visual Studio 2008 中创建页面主题，并添加皮肤文件、样式文件的步骤如下：

1）进入 Visual Studio 2008 集成开发环境，在【解决方案资源管理器】的站点根目录即网站项目名节点上单击右键，在弹出的快捷菜单中选择【添加 ASP. NET 文件夹】下的【主题】命令，如图 5-2

图 5-2　创建主题

所示。

2）系统会在站点根目录下创建名为 App ＿ Themes 的文件夹，并默认包含一个子文件夹，默认命名为主题1，如图 5-3 所示。

将主题 1 更改为 NewsThemes，这样就创建了名为 NewsThemes 的页面主题。

3）添加外观文件。一个主题可以包含一个或多个皮肤文件，在【解决方案资源管理器】的【App ＿ Themes】节点上单击右键，选择弹出快捷菜单中的【添加新项】命令，在弹出的【添加新项】对话框中选择文件类型为"外观文件"，并输入文件名，如图 5-4 所示。单击【添加】按钮即可创建外观文件。

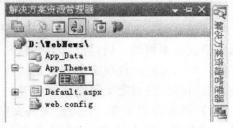

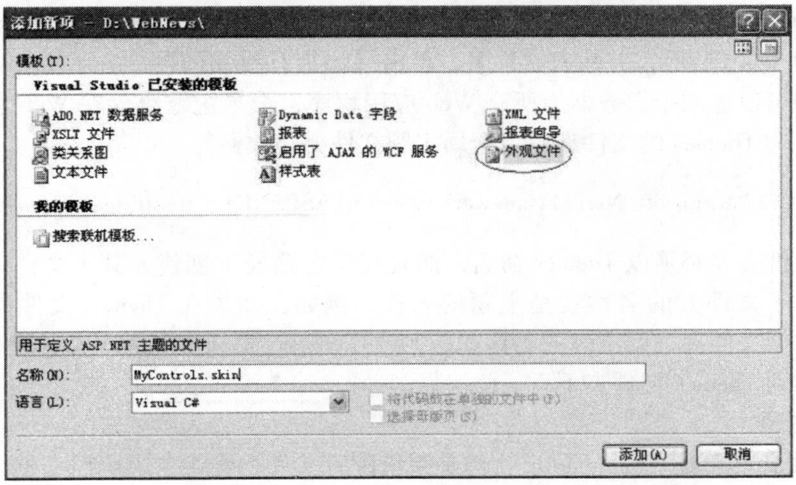

图 5-3 默认创建的主题文件夹

图 5-4 添加外观文件对话框

外观文件中包含了对 Web 服务器控件属性的定义。有默认外观和命名外观两种类型的控件外观。

➢ 默认外观：在控件的外观定义中没有 SkinID 属性，则称为默认外观。页面应用主题时，默认外观将自动应用于同一类型的所有控件。需要注意，默认外观严格按类型来匹配，且针对一种类型的控件仅能设置一个默认外观。例如：

```
<asp:Label runat = "server" Font-Bold = "true" Font-Size = "14px" ForeColor = "#0F3D01" >
</asp:Label >
```

➢ 命名外观：设置了 SkinID 属性的控件外观定义称为命名外观。命名外观不会自动按类型应用于控件，需要通过设置控件的 SkinID 属性来显示声明。需要注意，SkinID 属性的值必须唯一，可以为一种类型的控件定义多个命名外观。例如命名外观属性设置如下：

```
<asp:Label   SkinID = "NewsTitle"   runat = "server"   Font-Bold = "true"   Font-Size = "14px"
ForeColor = "#0F3D01" > </asp:Label >
```

引用命名外观，参考代码如下：

```
< asp：Label ID = " lblMessage" runat = " server" SkinID = " NewsTitle" > < / asp：Label >
```

比较上面对 Label 控件的外观定义不难发现，控件的外观定义和在设计页面设置控件的属性格式基本相同，只是没有 ID 属性。在 . skin 文件中编辑控件属性没有智能提示，很不方便。所以常用的外观定义方法是：在页面的设计窗口使用【属性】窗口来设置控件的属性，然后将控件的定义复制到外观文件中，去掉 ID 属性即可。

4）添加样式文件。在主题文件夹中，通过添加样式文件来控制页面元素和 Web 服务器控件的样式。主题中可以包含任意多个样式文件，所有样式文件都会自动应用于应用了主题的页面。

在【解决方案资源管理器】的【App ＿ Themes】节点上单击右键，在弹出的快捷菜单中选择【添加新项】命令，系统将弹出图 5-4 所示的【添加新项】对话框，在该对话框中选择文件类型为"样式表"，并输入文件名，单击【添加】按钮即可。

全局主题可以应用于服务器上所有 Web 应用程序，全局主题存储在 Web 服务器上具有全局属性的名为 Themes 的文件夹中。全局主题文件夹存放路径是：

```
% windows% \Microsoft. NET\Framework\version\ASP. NET ClientFiles\Themes
```

其中，文件夹名必须以 Themes 命名，而且在指定路径下创建，其子文件夹用来保存全局主题文件。子文件夹的名称就是主题的名称。例如，如果在 Themes 文件夹下创建名为 FirstThemes 的子文件夹，则主题的名称就是 FirstThemes。全局主题的定义一般是将定义好的页面主题复制到 Themes 文件夹下。

2. 应用主题

（1）网站应用主题　　web. config 文件是系统配置文件，要将主题应用于整个网站，需要在该文件中进行主题设置。在 web. config 文件的 < pages > 节点添加设置，参考代码如下：

```
< configuration >
    < system. web >
        < pages theme = " 主题名称"/ >
    < /system. web >
< /configuration >
```

在程序运行时，如果应用程序的页面主题与全局主题同名，则页面主题优先。设置页面的 Theme 属性后，则主题和页面中控件的属性设置合并，以构成控件的最终设置。如果同时在页面和主题中定义了控件属性，则主题中的控件属性将重写页面中控件的属性设置。

（2）单个页面应用主题　　单个页面应用主题，可切换到页面的【源】视图状态，在@ Page 指令中添加 Theme 属性即可。例如对页面应用名为 NewsThemes 的主题，参考代码如下：

```
< %@  Page Theme = " NewsThemes" % >
```

对单个页面应用主题，还可以打开页面的【属性】窗口，设置 Theme 属性的值。如图 5-5 所示。

图 5-5　页面的【属性】窗口

3. 禁用主题

（1）禁用页面主题　在 Web 应用程序中启用主题后，如果某个页面不想应用主题，可以通过在@ Page 指令中添加 EnableTheming 属性来禁用主题，参考代码如下：

```
< % @ Page EnableTheming = " false" % >
```

（2）禁用控件的主题　Web 服务器控件有一个名为"EnableTheming"的属性。将某个控件的该属性设置为 false，则禁用了页面中该控件的皮肤。例，设置 ID 为"lblMessage"的 Label 控件禁用皮肤，参考代码如下：

```
< asp：Label ID = " lblMessage" runat = " server" EnableTheming = " false" > </asp：Label >
```

三、Response 对象

Response 对象是 HttpResponse 类的一个实例，用于将数据从服务器发送回浏览器，并提供相关响应信息，包括直接发送信息给浏览器、重定向浏览器到另一个 URL 或设置 Cookies 的值等。

Response 对象封装了许多属性和方法，常用属性/方法及说明详见表 5-1。

表 5-1　Response 对象常用属性/方法及说明

属性/方法	说　　　明
Charset 属性	设置或获取输出流的 HTTP 字符集
Expires 属性	设置或获取在浏览器上缓存的页过期时间,单位:min(分钟)
Buffer 属性	设置页输出是否缓冲

（续）

属性/方法	说　　明
Cookies 属性	获取当前请求的 Cookie 集合
Clear 方法	当 Buffer 属性值为 true 时，Clear 方法表示清除缓冲区中数据信息
End 方法	当 Buffer 属性值为 true 时，将缓冲区所有的数据发送至浏览器，终止应用程序的执行
Flush 方法	当 Buffer 属性值为 true 时，将缓冲区所有的数据立即发送至浏览器
Redirect 方法	地址重定向
Write 方法	用于向客户端浏览器输出信息

1. Write 方法

Write 方法用于向客户端浏览器输出信息，其语法如下：

Response. Write（输出信息）

说明：

1）参数“输出信息”可以是字符串。该字符串可以是一般的字符串常量，也可以是 HTML 标签。输出信息若是多个字符串，则之间用“&”连接起来。值得注意的是字符串需要用半角状态下的双引号括起来，例如：

Response. Write("您好,欢迎您光临新视角新闻网!");

功能：向客户端浏览器输出字符串“您好，欢迎您光临新视角新闻网!”。

Response. Write(" < hr color = 'blue ' > ");

功能：向客户端浏览器输出一条蓝色的水平线。

2）参数“输出信息”也可以是一个变量，这种情况下，将输出变量的值。例如：

int a = 5;
Response. Write(a);

功能：定义一个整型变量 a，同时为 a 赋值 5，输出 a 的值 5。

3）当使用 Response. Write 仅输出一个字符串或一个变量值的时候，可以用“ = ”代替。这种情况一般在代码和 HTML 标签一起输出时使用，当在 HTML 标签动态输出值时，需要在代码两边加“ < % ”、“ % > ”。例如：

```
< body >
< % = a% >
</body >
```

功能：在页面输出变量 a 的值。

2. Redirect 方法

Redirect 方法实现从一个页面跳转到另一个页面或 URL 地址的功能，一旦使用了 Redirect 方法，任何在当前页面显式设置的响应正文内容都将被忽略。其语法如下：

Response. Redirect(重定向目标地址)

说明：

1）参数"重定向目标地址"可以是相对地址，经常用于同一站点内页面间的跳转。例如：

> Response. Redirct("Index. aspx")

功能：从当前页面跳转至同一目录中的 Index. aspx 页。

2）参数"重定向目标地址"可以是绝对地址，经常用于跳转至其他站点。例如：

> Response. Redirct("http://www. baidu. com")

功能：从当前页面跳转至百度网站首页。

四、验证码

验证码是将一串随机产生的数字、字母、符号或文字，生成一幅图片，在图片中加一些干扰像素，以防止 OCR（光学字符识别），由用户肉眼识别其中的验证码信息，然后输入验证码信息提交服务器验证。使用验证码可以有效防止恶意破解密码、信息灌水、非法用户利用机器人自动注册系统账号等。从系统安全考虑，很多网站都在使用验证码。

常见的验证码有如下几种：

➢ 纯数字验证码，一般为四位随机数字。

➢ 数字 + 字母验证码，一般从数字（0 ~ 9）和字母（A ~ Z 和 a ~ z）中随机抽出几个字符组成。

➢ 汉字验证码，实现起来相对复杂一些。

五、ImageButton 控件

ImageButton 控件可以看作是 Button 控件和 Image 控件的结合，使用 ImageButton 控件实现以图形方式显示按钮。该控件与 Button 控件相似，只是呈现方式不同。ImageButton 控件区别于 Button 控件的属性及其说明见表 5-2。

表 5-2　ImageButton 控件常用的属性/事件及说明

属性/事件	说　　明
CausesValidation 属性	设置一个值，该值指示在单击 ImageButton 控件时是否执行验证
ID 属性	获取或设置分配给服务器控件的编程标志符
ImageAlign 属性	获取或设置 ImageButton 控件相对于网页上其他元素的对齐方式
ImageUrl 属性	获取或设置在 ImageButton 控件中显示图像的 URL 地址
AlternateText 属性	获取或设置 ImageButton 控件的图像无法显示时的替换文本
Click 事件	单击 ImageButton 控件时触发的事件
Command 事件	单击 ImageButton 控件并定义了关联命令时触发的事件

ImageUrl 属性获取或设置在 ImageButton 控件中显示图像的位置，该图像的位置可以是相对的 URL，也可以是绝对的 URL。在进行 Web 应用程序开发时，一般情况下使用相对 URL。这样，如果需要移动整个站点，对于该站点内的文件不用做任何修改，便可以正常浏览。

 任务实施

管理员登录窗体设计步骤如下：

一、创建管理员登录窗体文件，实现页面布局

为方便 Web 应用程序文件管理，在 WebNews 应用程序中添加以 Admin 命名的文件夹，该文件夹用来存储涉及后台管理功能的相关文档，如图片文件等。

在 Admin 文件夹下创建名为 MyLogin. aspx 的管理员登录窗体文件，添加主题、样式实现如图 5-1 所示浏览效果。

1）在站点根目录下添加以 CSS 命名的文件夹，该文件夹存储 Web 应用程序中的外部样式表文件。在该文件夹中新建样式表文件，命名为 MyNewsStyle.css。在设计窗口打开该文件，添加样式规则如下：

```css
. LoginBorder
{
        background-image:url('../admin/images/login.jpg');
        text-align:center;
        width:448px;
        height:419px;
        margin-top:100px;
}
. txtName{ padding-top:126px;padding-left:145px;}
. txtPWD{ padding-top:21px;padding-left:147px;}
. txtCode{ padding-top:8px;padding-left:136px;}
. btnLogin{ padding-top:20px;padding-left:60px;}
```

以上样式规则设置登录窗体的外观及控件定位。

2）创建主题文件。在站点根目录下创建名为 NewsThemes 主题文件夹，在该文件夹下创建名为 MyControls.skin 的皮肤文件和名为 WebControlStyle.css 的样式表文件。其中皮肤文件用来定义 WebNews 应用程序中 Web 服务器控件属性；样式表文件用来定义该系统中 Web 服务器控件的外观。

在 MyControls.skin 文件中定义登录窗体中文本框属性，参考代码如下：

```
< asp:TextBox SkinId = "txtLogin" runat = "server" BorderStyle = "None" Height = "16px"
ForeColor = "#000066" > </asp:TextBox >
```

在 WebControlStyle.css 文件中定义登录窗体中文本框样式，参考代码如下：

```css
. LoginStyle{ background:transparent;}
```

二、验证码文件

本案例采用四位纯数字验证码，验证码的设计步骤是：

1）新建名为 VertifyCode.aspx 的窗体文件，设置该文件为图片文件。

切换到页面的【源】视图，在@ Page 指令中添加 ContentType 属性，并设置其值为"image/jpeg"。参考代码如下：

```
< %@ Page Language = "C#" AutoEventWireup = "true" CodeFile = "VertifyCode.aspx.cs"
Inherits = "admin_VertifyCode" ContentType = "image/jpeg"% >
```

2）在该文件的 Page_Load 事件中添加代码，用来生成 4 位数字验证码。案例中 4 位数字验证码设计思路如下：

➢ 随机生成包含 4 个数字的字符序列，并保存。

➢ 创建指定大小的位图实例。

➢ 利用画笔将生成的字符序列绘入图片，并添加干扰像素。

➢ 输出位图。

验证码参考代码如下：

```
if(！Page. IsPostBack)
{
    Response. Clear();
    Random RndNum = new Random((int)DateTime. Now. Ticks);
    int Num = RndNum. Next(1000,9999);
    Session["ValidateCode"] = Num;
    Bitmap bmp = new Bitmap(50,25);
    Graphics Gra = Graphics. FromImage(bmp);
    HatchBrush hb = new HatchBrush(HatchStyle. DashedHorizontal,Color. Green,
        Color. White);
    Gra. FillRectangle(hb,0,0,50,25);
    Gra. DrawString(Num. ToString(),new Font("Arial",14),new SolidBrush(Color. Red),
        0,0);
    bmp. Save(Response. OutputStream,System. Drawing. Imaging. ImageFormat. Jpeg);
    hb. Dispose();
    Gra. Dispose();
    bmp. Dispose();
    Response. End();
}
```

三、添加控件，并进行属性设置

1）切换到 MyLogin. aspx 文件的【源】视图，添加 3 个 TextBox 控件和 1 个按钮控件，并对控件设置属性，见表 5-3。

表 5-3 管理员登录窗体控件属性设置

控件类型	控件 ID	属性名称	属性值
TextBox	txtUserName	Width	135px
		SkinID	txtLogin
		CssClass	LoginStyle
	txtUserPWD	Width	135px
		TextMode	Password
		SkinID	txtLogin
		CssClass	LoginStyle
	txtCode	Width	55px
		SkinID	txtLogin
		CssClass	LoginStyle
ImageButton	btnLogin	ImageUrl	~/admin/Images/btnLoin. GIF

2）添加图片显示验证码。

验证码文件 VertifyCode. aspx 实现生成验证码，切换到 MyLogin. aspx 文件的"源"视图，添加 Img 标签，显示验证码，并实现单击该验证码时生成新的验证码。参考代码如下：

```
<img src = "VertifyCode. aspx?" width = "58px" height = "18px" style = "padding - top:5px""
alt = "看不清楚,换一个" onclick = "this. src = this. src + '? '"/ >
```

 思考与练习

1. 设计一个简单的用户注册页面，要求页面布局美观大方，使用主题实现。
2. 设计一个包含 6 位数字的验证码文件。

任务 2　后台登录功能的实现

 教学目标

◆掌握必须验证控件的使用方法。
◆掌握 Session 对象的常用属性和方法。
◆掌握 Parameters 对象的常用属性和方法。

 任务描述

任务 1 实现了管理员登录界面的布局设计，本次任务要实现管理员登录功能。出于系统的安全考虑，用户输入登录信息后，不应该直接与数据库中的值进行比较，而应对用户输入的登录信息进行验证，并且在设计时应该考虑防止 SQL 注入式攻击。

输入信息的有效性验证工作可以由验证控件来实现，利用存储过程实现管理员登录，可以防止 SQL 注入式攻击。管理员登录功能的设计思路如下：

➤ 验证输入信息的有效性，输入信息不能为空。
➤ 用户输入有效数据，首先验证用户名输入是否正确。
➤ 如果用户名输入不正确，则显示"用户名输入错误，请重新输入!"的友好提示，同时清空用户输入的用户名、密码及验证码，将光标定位在用户名文本框。如果用户名输入正确，再验证密码输入是否正确。
➤ 如果密码输入不正确，则显示"密码输入错误，请重新输入!"的友好提示，同时清空用户输入的密码及验证码，将光标定位在密码文本框。如果密码输入正确，接着验证用户输入的验证码是否正确。
➤ 如果验证码输入错误，则显示"验证码输入错误，请重新输入!"的友好提示，然后清空用户输入的验证码，将光标定位在验证码文本框，同时需要保存用户输入的密码。如果验证码输入正确，保存必要的用户信息后进入后台管理主页面。

通过分析不难看出，使用存储过程来实现管理员登录时，该存储过程不仅需要返回必要的用户信息，还需要一个输出参数以验证用户输入信息的有效性。

知识链接

一、验证控件

ASP. NET 提供了一组验证控件，可以轻松地实现用户输入信息的有效性验证，通过属性设置即可实现友好的信息提示，并且还可以设置验证在服务器端进行还是在客户端进行。常用的验证控件及其通用属性见表5-4、表5-5。

表 5-4　常用的验证控件

控件名称	验证类型	说　明
RequiredFieldValidator 控件	必须验证控件	要求用户必须输入表单字段的数据项，以确保用户不会跳过输入
RangeValidator 控件	范围验证控件	用于检查用户输入信息是否在指定的上下限内，限定范围可以是数字对、字母对和日期对
CompareValidator 控件	比较验证控件	将用户输入信息与一个常数值或另一个控件的值或特定数据类型进行比较
RegularExpressionValidator 控件	正则表达式验证控件	用于检查用户输入信息与正则表达式所定义的模式是否匹配
CustomValidator 控件	自定义验证控件	使用用户自定义的验证逻辑对用户输入信息进行验证
ValidationSummary 控件	验证总结控件	以摘要的形式显示 Web 页面中所有验证的验证错误信息

表 5-5　验证控件通用属性

属　性	说　明
ControlToValidate	获取或设置要验证的控件的 ID 属性值
Display	获取或设置验证程序的显示方式，有 None、Dynamic、Static 三种方式： Static 表示错误提示信息在页面中占有固定的位置 Dynamic 表示错误提示信息出现时才占用页面位置 None 表示错误提示信息出现时不显示，但可以在 ValidatorSummary 控件中显示
ErrorMessage	获取或设置当验证的控件失效时，在验证总结控件中显示的错误提示信息，默认值为空（Empty）
Text	获取或设置当验证的控件失效时显示的错误提示信息。如果不设置 Text 属性值，则验证控件中显示 ErrorMessage 属性值
EnableClientScript	用于指定是否启用客户端验证，默认值为 true
Enable	用于设置是否启用验证控件，默认值为 true
IsValid	获取或设置一个布尔值（true 或 false），用于表示验证是否通过

本次任务中用到两个验证控件：

1. 必须验证控件

RequiredFiedValidator（必须验证）控件要求用户必须输入表单字段的数据项，以确保用户不会跳过输入，该控件并不验证用户输入信息的对错，只验证用户是否在输入框中输入内容，即强迫用户必须输入信息。

2. 验证总结控件

ValidationSummary（验证总结）控件以摘要的形式显示 Web 页面中所有验证的验证错误信息，显示模式由 DisplayMode 属性设置。ValidationSummary 控件常用属性及说明见表 5-6。

表 5-6　ValidationSummary 控件常用属性及说明

属　　性	说　　明
HeaderText	获取或设置摘要中显示的标头文本
ShowSummary	用于指定是否在页面上显示摘要文本
ShowMessageBox	用于指定是否将摘要信息显示在一个消息对话框中
DisplayMode	用于设置摘要文本显示的模式，该属性有三个值： 1）BulletList 是默认的显示模式，表示每个错误提示消息都显示为单独的项 2）List 表示每个显示信息都显示在不同行中 3）SingleParagraph 表示所有的错误提示信息都显示在同一段中

在一般情况下，页面的验证功能自动开启，如果用户输入的数据没有通过验证，则无法实现提交功能。但在有些情况下，需要屏蔽控件的服务器端和客户端验证，例如"取消"按钮。

下列两种方法在不触发验证控件的情况下发送数据。

➢ 将控件的 CausesValidation 属性设置为 false，设置控件不触发验证。例如创建"取消"按钮，将其 CausesValidation 属性设置为 false，使其不触发验证检查。

➢ 如果要屏蔽客户端验证而只执行服务端验证，可以将这个验证控件设置为不生成客户端脚本；如果要在验证前执行一些服务器代码，可以将该控件的 EnableClientScript 属性设置为 false。

二、Session 对象

Session 对象是 HttpSessionState 类的一个实例，用于存储特定用户会话时所需要的信息，以实现该用户在当前站点中不同页面间信息的共享。

同一个应用程序的不同用户拥有不同的 Session 对象，这些 Session 对象相互独立、互不影响。当用户在应用程序的页面之间跳转时，存储在 Session 对象中的信息不会丢失；只要没有结束该用户的会话状态，会话变量就可以被程序跟踪和访问。

默认情况下，Session 对象的会话超时时间为 20min，可以通过该对象的 TimeOut 属性设置会话超时时间。如果用户在会话超时时间内不刷新页面或发送新的页面请求，则本次会话自动过期，存储在 Session 对象中的信息也将丢失。

Session 对象的常用属性/方法及说明见表 5-7。

表 5-7　Session 对象的常用属性/方法及说明

属性/方法	说　　明
SessionID 属性	Session 对象 ID 标志
TimeOut 属性	设置 Session 对象的会话超时时间，默认值为 20min
Add 方法	创建一个 Session 对象

（续）

属性/方法	说　　明
Abandon 方法	结束当前会话并清除保存的会话信息
Clear 方法	清除所有的 Session 会话信息,但不结束会话

本次任务使用 Session 对象存储用户会话信息。

1. 存储会话信息

可以将变量或字符串等信息保存到 Session 对象中。设置 Session 对象使用键/值对的方式,其语法格式如下:

Session["变量名或键名"] = 值(变量、常量、字符串或表达式)

例如:

Session["UserName"] = "Alice";

该行语句的功能是设置 UserName 键的会话值为 Alice。

int UserAge = 25;
Session["UserAge"] = UserAge;

该行语句的功能是设置 UserAge 键的会话值为 25。需要注意,两个 UserAge 表示不同的含义,等式右边的 UserAge 表示一个整型局部变量,而 Session["UserAge"] 中的 UserAge 表示 Session 对象的 UserAge 键。

也可以调用 Session 对象的 Add 方法,向 Session 对象添加键/值,例如:

Session. Add["UserName","Alice"];
Session. Add["UserAge",UserAge];

2. 获取会话信息

在每次读取 Session 对象键/值的时候,需要判断其是否为空,否则会出现"未将对象引用设置到对象的实例"的错误信息。从 Session 对象中读取的数据都是 Object 类型,需要类型转换后使用。

例如:

If(Session["UserName"] != null)
{
　　txtMessage. Text = Session["UserName"]. ToString();
}

三、Parameter 对象

在 ADO. NET 对象模型中使用 SQL 参数,需要向 Command 对象的 Parameters 集合中添加 Parameter 对象。当一个 Web 应用程序使用带参数的存储过程执行对 SQL Server 数据库的操作,并使用 SQL Server. NET 数据提供程序时,需要用到 SqlParameter 类。

SqlParameter 类封装了各种与 SQL 参数相关的属性和方法。其中属性包括 ParameterName

（参数名称），SqlDbType（参数类型），Size（参数宽度），Value（参数值）等。Parameter-Name，SqlDbType，Size 等属性用于匹配存储过程中定义的参数。

SqlParameter 类常用的属性及说明见表 5-8。

表 5-8　SqlParameter 类常用的属性及说明

属　　性	说　　明
SqlDbType	获取或设置参数的数据类型
Direction	获取或设置一个值，该值指示参数是输入、输出、双向，还是存储过程返回值参数
ParameterName	获取或设置 SqlParameter 参数名称，必须以"@ 参数名"的格式来命名参数名称
Size	以字节为单位获取或设置列中数据的宽度
Value	获取或设置 SqlParameter 参数的值

SqlDbType 是 SqlParameter 对象的重要属性之一，用以控制向 SQL Server 数据库传递参数信息时所使用的数据类型。该参数的值主要有以下几种：①SqlDbType. VarChar 变长字符串类型，常用于"备注"字段；②SqlDbType. Integer 整数类型；③SqlDbType. Date 日期类型；④SqlDbType. Boolean 逻辑类型；⑤SqlDbType. Single 单精度类型。

例：一个简单的带参数 SQL 语句，其中包含一个参数@ MemberName。查询 Table1 中 MemberName 字段的值等于参数@ MemberName 的值的记录。

```
Select * From Table1 where MemberName = @ MemberName
```

当需要给该参数赋值时，创建 SqlCommand 对象，并设置相关属性，参考代码如下（其中 cmd 是 SqlCommand 对象）：

```
1 cmd. Parameters. Add( New SqlParameter( "@ MemberNum" ,SqlDbType. VarChar,10) );
2 cmd. Parameters( "@ MemberNum" ). Value = strMemberNum;
```

代码功能描述：

第 1 行：创建一个参数，并将该参数加入到 SqlCommand 对象的参数集合中。参数名称为@ MemberNum，参数类型为 SqlDbType. VarChar，宽度为 10。

第 2 行：给创建的参数赋值，该值是变量 strMemberNum 的值。

使用 Parameter 对象的 AddWithValue 方法实现创建参数，同时为创建的参数赋值，参考代码如下：

```
cmd. Parameters. AddWithValue( "@ MemberNum " ,strMemberNum);
```

四、RegisterStartupScript 与 RegisterClientScriptBlock

服务器端代码执行完后，再执行客户端代码，注册脚本块的方法有两种，分别是 RegisterStartupScript 与 RegisterClientScriptBlock，其基本语法格式为

```
Page. ClientScript. RegisterStartupScript( Type type, string key, string script,
    bool addScriptTags)
Page. ClientScript. RegisterClientScriptBlock( Type type, string key, string script,
    bool addScriptTags)
```

参数说明：

➢ type：要注册的启动脚本类型。

➢ key：要注册的启动脚本的键，即脚本的名称。相同 key 的脚本被当做是重复的，对于这样的脚本只输出最先注册的。RegisterStartupScript 和 RegisterClientScriptBlock 中的 key 相同不算是重复。

➢ script：要注册的 JavaScript 脚本。

➢ addScriptTags：是否为注册的脚本添加 < script > 标签。如果脚本代码中不含 < script > 标签，则应该指定该值为 true；若不指定该值，则当做 false 对待。

这两个方法的作用都是从前台向后台写脚本，唯一不同之处在于从"何处"发送脚本块。RegisterClientScriptBlock( )在 Web 窗体的开始处(紧接着 < form runat = " server " >标志之后)发送脚本块，而 RegisterStartupScript( )在 Web 窗体的结尾处（在 </form >标志之前）发送脚本块。

RegisterStartupScript( ) 用于添加要在加载页面后运行的脚本块，通过这种方法添加的脚本块位于 Web 窗体的结尾处，即注册在 body 标签的最后面。而 RegisterClientScriptBlock( )方法用于为响应客户端事件而执行的脚本代码，通过此方法发送的脚本块位于 Web 页面的开始处，即注册在 body 标签的最前面。

 任务实施

实现管理员登录功能的步骤如下：

一、创建存储过程，实现管理员身份验证

使用项目 2 任务 2 创建的名为 proc_UserLogin 的存储过程，该存储过程实现用户身份验证。参考代码详见项目 2 任务 2。

二、设置页面首次加载时的光标定位

在浏览器中浏览页面时，页面信息将被加载并显示。当第一次加载管理员登录页面时，需要将光标定位到用户名所对应的文本框中，在页面加载事件中添加代码，参考代码如下：

```
if( !Page. IsPostBack)
{
    txtUserName. Focus( );
}
```

三、添加代码实现管理员登录功能

在 MyLogin. aspx 页面的"设计"视图窗口，双击"登录系统"按钮，自动创建该按钮的单击事件，添加代码实现管理员登录功能。参考代码如下：

```
1   string strUserName,strUserPWD,strCode;
2   strUserName = txtUserName. Text. ToString( );
3   strUserPWD = txtUserPWD. Text. ToString( );
4   strCode = txtCode. Text. ToString( );
5   string strCmd;
```

```
6   int Flag;
7   DataSet ds = new DataSet( );
8   SqlConnection cnn = new SqlConnection( "server = . ;database = dbWebNews ;uid = sa ;"
        + "pwd = sa123" );
9   strCmd = "proc _ UserLogin";
10  SqlCommand cmd = new SqlCommand( strCmd ,cnn );
11  cmd. CommandType = CommandType. StoredProcedure;
12  cmd. Parameters. AddWithValue( "@ UserName" ,strUserName );
13  cmd. Parameters. AddWithValue( "@ UserPWD" ,strUserPWD );
14  SqlParameter UserFlag = new SqlParameter( "@ Flag" ,SqlDbType. Int );
15  UserFlag. Direction = ParameterDirection. Output;
16  cmd. Parameters. Add( UserFlag );
17  SqlDataAdapter dap = new SqlDataAdapter( cmd );
18  dap. Fill( ds ,"tempTable" );
19  Flag = int. Parse( UserFlag. Value. ToString( ) );
20  if( Flag == 2 )
21  {
22      Session[ "UserName" ] = strUserName;
23      Session[ "RealName" ] = ds. Tables[ "tempTable" ]. Rows[ 0 ][ "RealName" ]. ToString( );
24      Session[ "UserPower" ] = ds. Tables[ "tempTable" ]. Rows[ 0 ][ "UserPower" ]. ToString( );
25  }
26  else if( Flag == 1 )
27  {
28      this. ClientScript. RegisterStartupScript( this. GetType( ) ,"" ,
            " < script language = javascript >
29      alert('密码输入错误,请重新输入! ') </script >" );
30      txtUserPWD. Text = "";
31      txtCode. Text = "";
32      txtUserPWD. Focus( );
33      return;
34  }
35  else
36  {
37      this. ClientScript. RegisterStartupScript( this. GetType( ) ,"" ,
            " < script language = javascript >
38      alert('用户名输入错误,请重新输入! ') </script >" );
39      txtUserName. Text = "";
40      txtUserPWD. Text = "";
```

```
41      txtCode. Text = " " ;
42      txtUserName. Focus( ) ;
43      return ;
44  }
45  if( strCode. ToUpper( ) ! = Session[ " ValidateCode" ]. ToString( ). ToUpper( ) )
46  {
47      this. ClientScript. RegisterStartupScript( this. GetType( ) , "Warning" , " < script language
            = javascript > alert( '验证码输入错误,请重新输入! ') </ script > " ) ;
48      txtUserPWD. Attributes. Add( " value" , strUserPWD) ;
49      txtCode. Text = " " ;
50      txtCode. Focus( ) ;
51  }
52  else
53  {
54      Response. Redirect( " MyIndex. aspx" ) ;
55  }
```

代码功能描述:

第 1 ~ 4 行:定义 string 类型的变量,分别用于保存用户输入的用户名、密码及验证码。

第 8 行:创建 SqlConnection 对象,并指定连接字符串。

第 9 ~ 11 行:创建 SqlCommand 对象,指定要执行的操作与连接对象,并设置要执行的命令类型为存储过程。

第 12 ~ 16 行:添加输入参数@ UserName 和@ UserPWD,输出参数@ Flag。

第 17 ~ 19 行:执行查询,将查询结果保存到 ds 的临时表 tempTable 中,并获取输出参数的值,保存到变量 Flag 中。

第 20 ~ 44 行:判断输出参数 Flag 的值,并执行相应操作。其中 Flag 的值为 2 表示管理员输入了合法的用户信息,将返回的登录账号、真实姓名、用户权限保存到 Session 中。

第 45 ~ 55 行:判断用户输入的验证码是否正确,并执行相应操作。

 思考与练习

1. 设计一个会员登录界面,并实现其功能。

2. 简述 Session 对象功能。

项目 6 后台管理主界面的设计与实现

管理员成功登录后便进入后台管理主界面，通过后台管理主界面可以链接到系统管理页面，从而实现后台管理功能。后台管理主界面设计要求简洁且方便操作。一般情况下，后台管理主界面使用框架结构来实现。本项目将介绍新闻发布系统后台管理主界面的设计思路及实现方法。

本项目涉及的知识点：框架、Image 控件、TreeView 控件、Request 对象、Server 对象。

任务 1 后台框架页设计

教学目标

◆掌握框架页的设计方法。
◆会使用框架设计系统后台主界面。
◆理清后台管理主界面设计思路，实现后台管理主界面设计。

任务描述

管理员登录成功后即可进入后台管理主界面，可以根据管理员权限（普通管理员或超级管理员）进行相应的管理操作。如以普通管理员（汤姆）、超级管理员权限成功登录后分别看到的后台管理主界面如图 6-1、图 6-2 所示。

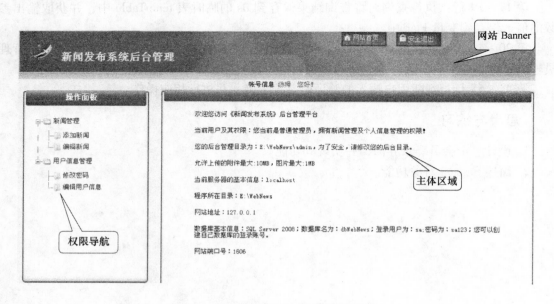

图 6-1 普通管理员的后台管理主界面

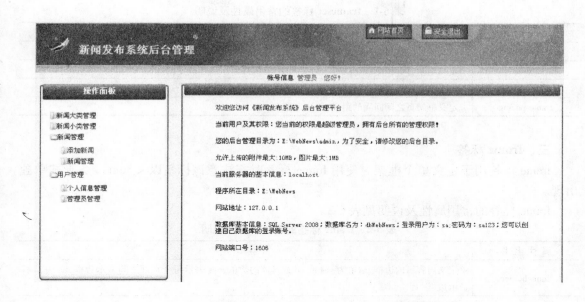

图6-2　超级管理员的后台管理主界面

分析图6-1、图6-2可知新闻发布系统后台管理主界面由三部分构成：顶部网站 Banner （标题）区域、左侧权限导航区域、右侧主体区域，这是典型的上方及左侧嵌套的框架结构。上方及左侧嵌套的框架多用于系统后台管理界面中。

 知识链接

一、框架介绍

使用框架技术可以把浏览器窗口划分为若干个区域，每个区域分别显示不同的网页。框架由两部分组成——框架集（frameset）和单个框架（frame）。

框架集是在一个文档内定义一组框架结构的 HTML 网页。在框架集中定义一个网页显示的框架个数、框架大小、载入框架的网页源文件及其他可定义的属性等。单个框架是指在网页上定义的一个区域。常见的框架包括垂直结构框架、水平结构框架和混合结构框架，框架还可以嵌套使用。

二、frameset 标签

frameset 标签又称为框架集，可以代替 body 标签来定义框架集，同时定义将框架分为多少行与多少列和每行/每列占据屏幕的面积。使用 frameset 标签时的注意事项：

1）frameset 标签成对出现，以 < frameset > 开始，</frameset > 结束。

2）由于在框架集中 frameset 代替了 body 标签，因此框架集中不能包含 body 标签。

3）使用框架时应该声明支持框架的文档类型 < ! DOCTYPE html PUBLIC "-//W3C//DTD XHTML 1.0 Frameset//EN" " http://www.w3.org/TR/xhtml1/DTD/xhtml1 – frameset.dtd" > 。

4）考虑用户浏览器不支持框架的情况，应该使用 noframes 标签，且在 noframes 标签中出现的文字应嵌套于 < body > </body > 标签内。

frameset 标签的常见属性及说明见表6-1。

表 6-1　frameset 标签的常用属性及说明

属性名称	属性作用
cols	定义框架含有多少列以及每一列的大小,取值为像素或者百分比
rows	定义框架含有多少行以及每一行的大小,取值为像素或者百分比
border	定义框架页的边框,单位为像素
framespacing	定义框架页之间间隔的距离,单位为像素

三、frame 标签

frame 标签用于定义单个框架。使用 frame 标签时需注意该标签以 < frame / > 形式单独出现。

frame 标签的常用属性及说明见表 6-2。

表 6-2　frame 标签的常用属性及说明

属性名称	属性作用
frameborder	定义内容页的边框,取值为 yes 或 no 或具体的数值,yes 表示每个页面之间显示边框,no 表示不显示边框
name	定义框架的名称
noresize	定义浏览者是否可以通过拖拽来调整框架页的尺寸
scrolling	定义是否有滚动条,取值为 yes、no 或 auto,yes 表示显示滚动条,no 表示不显示滚动条,auto 表示当需要时再显示滚动条,默认值为 auto
src	载入框架的网页源文件 URL 地址

 任务实施

使用框架来设计后台管理主界面的步骤如下:

一、在 Web 应用程序中添加 MyIndex. asp 页面

MyIndex. aspx 页面为后台管理主界面,在该页面中定义了页面的框架结构。框架集参考代码如下:

```
< frameset rows = "115, * "cols = " * "frameborder = "no"border = "0"framespacing = "0" >
  < frame src = "MyTop. aspx" name = "topFrame" scrolling = "No" noresize = "noresize"
  id = "topFrame" title = "topFrame"/ >
  < frameset rows = " * "cols = "245, * "framespacing = "0"frameborder = "no"border = "0" >
    < frame src = "MyLeft. aspx" name = "leftFrame" scrolling = "No" noresize = "noresize"
    id = "leftFrame" title = "leftFrame"/ >
    < frame src = "MyRight. aspx" name = "mainFrame" id = "mainFrame" title = "mainFrame"/ >
  </ frameset >
</ frameset >
< noframes > < body >
很报歉,您使用的浏览器不支持框架功能,请更新浏览器。
</ body > </ noframes >
```

上述代码表示创建一个上方及左侧嵌套的框架集,上框架命名为 topFrame,载入框架的

网页源文件地址为 MyTop. aspx；左框架命名为 leftFrame，载入框架的网页源文件地址为 MyLeft. aspx；右框架命名为 mainFrame，载入框架的网页源文件地址为 MyRight. aspx。

二、添加 MyIndex. asp 页面的后置代码

在页面加载时需要判断 Session["RealName"]是否为空，如果为空，表示用户没有登录，则页面将跳转到登录界面。参考代码如下：

```
protected void Page _ Load( object sender, EventArgs e)
{
    if( Session[ "RealName" ] == null)    //用户未登录
    {
        Response. Redirect( "MyLogin. aspx" ) ;
    }
}
```

 思考与练习

1. 什么是框架？如何使用框架设计页面布局？
2. 使用框架设计并实现新闻发布系统的后台管理主界面。

任务 2　顶部区域的设计与实现

 教学目标

◆掌握 Image 控件的使用方法。
◆会使用样式表设计页面布局。

 任务描述

任何网站都具有自己诸如 Logo（徽标）、Banner（标题）之类的信息，用于展示网站主题和宣传网站。新闻发布系统也不例外，从图 6-1、图 6-2 可以看到其后台管理主界面的顶部区域包括网站的 Logo 信息、Banner 信息和【网站首页】、【安全退出】两张图片，这两张图片分别用于链接到系统前台首页和安全退出后台管理。

后台管理主界面的顶部区域载入框架的网页源文件为 MyTop. aspx 文件，包含使用 Image 控件显示的图片、为 Image 图片添加链接后实现跳转到前台首页和退出后台管理的跳转及使用 Label 控件显示的文本信息。本任务将以设计后台管理主界面的顶部区域为例详细讲解服务器控件 Image 控件的使用方法。

 知识链接

Image 控件

Image 控件用于在 Web 页面上显示图片，图片源文件可以在设计界面时使用 ImageUrl 属

性确定,也可以以编程方式将 ImageUrl 属性绑定到一个表示图片的数据源上来动态显示图片。其语法格式为:

```
< asp:Image ID = "Image1" runat = "server" ImageUrl = "" >  </asp:Image >
```

Image 控件的常用属性及说明见表 6-3。

表 6-3　Image 控件的常用属性及说明

属　　性	说　　明
RunAt	值为 server,表示 Image 控件运行在服务器端
ImageUrl	获取或设置 Image 控件要显示图片的 URL 地址
ImageAlign	获取或设置 Image 控件中图片的对齐方式
AlternateText	获取或设置图片无法显示时的替代文本
DescriptionUrl	获取或设置图片详细说明的 URL 地址
ToolTip	获取或设置当鼠标指针悬浮在控件上时显示的文本
Height/Width	获取或设置 Image 控件的高度/宽度

 任务实施

后台管理主界面顶部区域的设计步骤如下:

一、创建顶部窗体文件,实现页面布局

在 Admin 文件夹下创建名为 MyTop. aspx 的窗体文件,添加样式规则实现如图 6-1 所示的浏览效果。

1) 在 MyNewsStyle. css 样式表文件中添加样式规则,参考代码如下:

```
1 . TopBorder
2 {
3   height:96px;
4   background-image:url('../admin/images/top. jpg');
5   padding-top:0px;
6   padding-left:20px;
7 }
8 . topBtn
9 {
10  text-align:right;
11  padding-right:200px;
12  height:20px;
13  padding-top:5px;
14 }
15 . topText
16 {
17  font-size:20px;
```

```
18    font-weight:bold;
19    height:35px;
20    color:#FFFFFF;
21    vertical-align:middle;
22  }
23  .UserInfor
24  {
25    padding-top:3px;
26    text-align:center;
27    height:17px;
28    vertical-align:middle;
29    background-image:url('../admin/Images/UserInforbg.png');
30  }
```

代码功能描述：

第 1 ~ 7 行：设置 MyTop.aspx 页面 Banner 的整体样式。

第 8 ~ 14 行：设置两个图片的样式。

第 15 ~ 22 行：设置 Logo 及显示文本的样式。

第 23 ~ 30 行：设置"账户信息"区域的样式。

2）添加控件，并进行属性设置。切换到 MyTop.aspx 文件的【设计】视图，附加样式表文件 MyNewsStyle.css，并添加 3 个 Image 控件和 1 个 Label 控件，各个控件属性设置见表 6-4。

按照上述样式表文件格式为对应的区域添加样式，效果如图 6-1 所示。

表 6-4　顶部窗体文件控件属性设置

控 件 类 型	控件 ID	属性名称	属性值
Image	imgLogo	Height	35px
		Width	50px
		ImageUrl	~/admin/Images/logo.gif
	imgReturn	src	Images/home1.jpg
		alt	返回首页
	imgExit	src	Images/Leave.jpg
		alt	安全退出
Label	lblInfor	ForeColor	Red

为图片"返回首页"和"安全退出"分别添加链接，参考代码如下：

```
<a href="../Default.aspx"target="_blank"> <img ID="imgReturn"src="Images/home1.jpg"
    alt="返回首页"/> </a>
```

```
< a href = "javascript:SignOut( )" > < img ID = "imgExit" src = "Images/Leave. jpg" alt = "安全退出" / > </a >
```

其中，SignOut( )函数使用 JavaScript 脚本弹出确认框，实现关闭框架集并执行安全退出程序的功能。参考代码如下：

```
< script type = "text/javascript" >
    function SignOut( ) {
        if( ! window. confirm("真的要安全退出吗?") )
            return;
        window. parent. opener = null;
        window. parent. close( );
        window. open("MySignOut. aspx")
    }
</script >
```

在 Admin 文件夹下创建名为 MySignOut. aspx 的窗体文件，该文件没有设计界面，用于完成安全退出的数据清理。为该文件添加 Page _ Load 事件，参考代码如下：

```
1 protected void Page _ Load( object sender, EventArgs e)
2 {
3   HttpContext. Current. Session. Clear( );
4   HttpContext. Current. Session. Abandon( );
5   HttpContext. Current. Response. Redirect("MyLogin. aspx", false);
6 }
```

代码功能描述：

第 3 行：使用 Session. Clear( )方法移除 Session 对象的所有键/值对。

第 4 行：使用 Session. Abandon( )方法结束当前会话。

第 5 行：页面重定向到登录界面。

二、添加顶部窗体文件的后置代码

MyTop. aspx 文件加载时需要根据 Session["RealName"]对象的值判断用户是否登录，如果已经登录则显示用户的账号信息；否则，提示用户尚未登录，并跳转到登录页面。为该页面添加 Page _ Load 事件，参考代码如下：

```
protected void Page _ Load( object sender, EventArgs e)
{
    if( Session[ "RealName" ] ! = null)   //用户已登录
    {
        lblInfor. Text = Session[ "RealName" ]. ToString( ) + "  您好!";
```

```
        }
    else    //用户未登录
    {
        Page. ClientScript. RegisterClientScriptBlock( this. GetType( ) ," " ,
            " < script language = ′javascript ′ > alert( ′您尚未登录,请登录!! ′ );
        location = ′MyLogin. aspx ′ < / script > " );
    }
}
```

思考与练习

1. Image 控件有哪些常用的属性?
2. 如何使用 Session 对象注销用户的身份?

任务3　左侧权限导航区域的设计与实现

教学目标

◆掌握 TreeView 控件使用方法。
◆会使用 TreeView 控件设计用户权限导航面板。

任务描述

从图6-1、图6-2 中可以看出普通管理员和超级管理员的权限不同,因此,他们登录后看到的权限导航面板也是不同的。权限导航面板中用于展现功能模块的树状控件即 TreeView 控件属于 ASP. NET 标准服务器控件中的站点导航控件,在 Visual Studio 2008 中位于【工具箱】中【导航】选项卡下,它以树形图结构展示分层数据,如计算机中的文件系统。本次任务以设计权限导航为例讲解 TreeView 控件的使用方法。

知识链接

一、TreeView 控件概述

TreeView 控件由 TreeNode 对象(或称为节点)构成分层目录结构,每个 TreeNode 对象均由一个标签和一个可选的位图组成。TreeView 控件的各个节点文本可以采用静态方式设置,也可以通过编程方式与 XML、关系型数据库等数据源实现数据绑定。TreeView 控件的节点分为根节点、父节点、子节点和叶子节点。其中,根节点是所有节点的上级节点且不能被其他节点包含,父节点是包含子节点的节点,子节点是被其他节点包含的节点,叶子节点是没有子节点的节点。例如:在图 6-2 所示的权限导航面板中新闻大类管理、新闻小类管理、新闻管理和用户管理均为父节点,同时也是根节点,添加新闻、新闻管理、个人信息管理和管理员管理均为子节点,同时也是叶子节点。

二、TreeView 控件的常用属性

TreeView 控件的常用属性及说明见表 6-5。

表 6-5　TreeView 控件的常用属性及说明

属　　性	说　　明
Nodes	TreeNode 对象的集合，表示 TreeView 中的所有节点
CollapseImageUrl	获取或设置节点处于折叠状态时的图片 URL
ExpandImageUrl	获取或设置节点处于展开状态时的图片 URL
NoExpandImageUrl	获取或设置不可折叠的节点（即无子节点）的图片 URL
CssClass	TreeView 控件应用的样式
PathSeparator	获取或设置用于分隔由 ValuePath 属性指定的节点值的字符
SelectedNode	获取当前选中的节点 TreeNode
SelectedValue	获取当前选中的节点的值
ShowCheckBoxes	获取或设置是否在节点前显示复选框，默认为 none，表示不显示
CheckedNodes	获取选中了复选框的节点集合
DataSource	获取或设置绑定到 TreeView 控件的数据源
DataSourceID	获取或设置绑定到 TreeView 控件的数据源控件的 ID
EnableClientScript	获取或设置一个值，指示 TreeView 控件是否呈现客户端脚本以处理展开和折叠事件，默认为 true
ExpandDepth	获取或设置 TreeView 控件第一次显示时所展开的级数，默认为 FullyExpand，表示全部展开
Visible	获取或设置 TreeView 控件是否显示

三、TreeView 控件的常用事件和方法

TreeView 控件的常用事件及说明见表 6-6。

表 6-6　TreeView 控件的常用事件及说明

事　　件	说　　明
SelectedNodeChanged	选定某个节点时发生的事件
TreeNodeExpanded	TreeView 控件中某个节点展开时的事件
TreeNodeCollapsed	TreeView 控件中某个节点折叠时的事件

需要说明的是，SelectedNodeChanged 事件只有用户在不同节点间选择时才发生。

TreeView 控件的常用方法及说明见表 6-7。

表 6-7　TreeView 控件的常用方法及说明

方　　法	说　　明
Add	用于向 TreeView 控件中添加节点
ExpandAll	展开 TreeView 控件的所有节点
CollapseAll	折叠 TreeView 控件的所有节点

四、TreeNode 节点的常用属性

单击 TreeView 控件向右的智能显示标记，选择【TreeView 任务】对话框中的【编辑节

点...】命令，打开 TreeView 控件的节点编辑器窗口，设置 TreeNode 节点的属性，其常用属性及说明见表 6-8。

表 6-8 TreeNode 节点的常用属性及说明

属　　性	说　　明
Text	获取或设置节点显示的文字
Value	获取或设置节点显示的值
ToolTip	获取或设置鼠标停留在节点文本上时显示的提示文本
NavigateUrl	获取或设置单击节点时跳转的页面的 URL。如果不设置此值，单击时将响应 TreeView 控件的 SelectedNodeChanged 事件
Target	获取或设置 NavigateUrl 链接的目标窗口或框架的名称
ImageUrl	获取或设置显示在节点旁边图片的 URL
ImageToolTip	获取或设置鼠标停留在 ImageUrl 指定图片上的提示信息

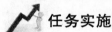

任务实施

后台主界面左侧权限导航页面的设计步骤如下：

一、创建左侧导航窗体文件，实现页面布局

在 Admin 文件夹下创建名为 MyLeft. aspx 的窗体文件，添加样式规则实现如图 6-1 所示浏览效果。

1）在 MyNewsStyle. css 样式表文件中添加样式规则如下：

```
1 . LeftBorder
2 {
3   height:887px;
4   padding-left:10px;
5   padding-top:0px;
6   background-color:#EAF3FD;
7 }
8 . mbStyle
9 {
10   background-image:url('. . /admin/Images/topLine. jpg');
11   font-size:14px;
12   font-weight:bold;
13   padding-top:8px;
14   width:265px;
15   height:27px;
16   padding-left:80px;
17   color:#FFFFFF;
18 }
19 . treeStyle
20 {
```

```
21    background-image:url('../admin/Images/MiddleLine. jpg');
22    width:215px;
23    height:300px;
24    margin-top:0px;
25    padding-top:15px;
26    padding-left:20px;
27  }
28  .bottomStyle
29  {
30    background-image:url('../admin/Images/bottomLine. jpg');
31    width:235px;
32    height:18px;
33    text-align:center;
34    margin-top:0px;
35  }
```

代码功能描述：

第 1 ~ 7 行：设置 MyLeft. aspx 页面的整体样式。

第 8 ~ 18 行：设置权限导航面板的顶部文本及背景样式。

第 19 ~ 27 行：设置 TreeView 控件所在区域的样式。

第 28 ~ 35 行：设置权限导航面板底部背景样式。

2）添加控件，并进行属性设置。切换到 MyLeft. aspx 文件的【设计】视图，添加两个 TreeView 控件，其 ID 属性分别为：tvadmin（对应超级管理员）和 tvUser（对应普通管理员）。打开 ID 值为 tvadmin 的 TreeView 节点编辑器，为控件添加节点如图 6-3 所示。

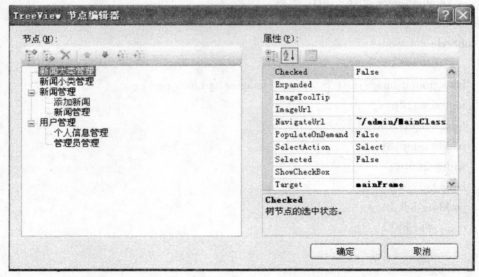

图 6-3　TreeView 节点编辑器

在 Admin 文件下创建 6 个窗体文件，分别命名为：MainClass. aspx、SubClass. aspx、AddNews. aspx、AdminNews. aspx、SelfInfor. aspx、AdminUsers. aspx。设置 ID 值为 tvadmin 的 TreeView 控件各节点的属性，其对应的【源】视图参考代码如下：

```
< asp:TreeView  ID = "tvadmin" runat = "server"
    CollapseImageUrl = " ~/admin/Images/wjjClose. jpg"
    ExpandImageUrl = " ~/admin/Images/wjjOpen. jpg"
    NoExpandImageUrl = " ~/admin/Images/wjj. jpg" Width = "130px" >
     < Nodes >
         < asp:TreeNode Text = "新闻大类管理" Value = "新闻大类管理"
         NavigateUrl = " ~/admin/MainClass. aspx" Target = "mainFrame" > </asp:TreeNode >
         < asp:TreeNode Text = "新闻小类管理" Value = "新闻小类管理"
         NavigateUrl = " ~/admin/SubClass. aspx" Target = "mainFrame" > </asp:TreeNode >
         < asp:TreeNode Text = "新闻管理" Value = "新闻管理" >
             < asp:TreeNode Text = "添加新闻" Value = "添加新闻"
             NavigateUrl = " ~/admin/AddNews. aspx" Target = "mainFrame" > </asp:TreeNode >
             < asp:TreeNode Text = "新闻管理" Value = "新闻管理"
             NavigateUrl = " ~/admin/AdminNews. aspx" Target = "mainFrame" > </asp:TreeNode >
         </asp:TreeNode >
         < asp:TreeNode Text = "用户管理" Value = "用户管理" >
             < asp:TreeNode Text = "个人信息管理" Value = "个人信息管理"
             NavigateUrl = " ~/admin/SelfInfor. aspx" Target = "mainFrame" > </asp:TreeNode >
             < asp:TreeNode Text = "管理员管理" Value = "管理员管理"
             NavigateUrl = " ~/admin/AdminUsers. aspx" Target = "mainFrame" > </asp:TreeNode >
         </asp:TreeNode >
     </Nodes >
     < NodeStyle ChildNodesPadding = "5px" Height = "20px"/ >
</asp:TreeView >
```

参考以上代码，设计普通管理员的权限导航面板，可以直接复制 tvadmin 控件，再进行修改即可。

二、添加左侧窗体文件的后置代码

页面加载时需要根据 Session["RealName"]对象的值判断用户是否登录，如果已经登录则显示用户的账号信息；否则，提示用户尚未登录，并跳转到登录页面。在用户登录的前提下，进一步根据 Session["UserPower"]对象的值判断用户的身份，以此来显示不同的权限导航面板。如果登录用户具有超级管理员权限，则显示 ID 属性为 tvadmin 的 TreeView 控件；否则显示 ID 属性为 tvUser 的 TreeView 控件。

```
protected void Page _ Load( object sender, EventArgs e)
{
```

```
        if(Session["RealName"]!=null)    //用户已登录
        {
            if(Session["UserPower"].ToString()=="True")  //超级管理员
            {
                tvadmin.Visible=true;
                tvUser.Visible=false;
            }
            else             //普通管理员
            {
                tvadmin.Visible=false;
                tvUser.Visible=true;
            }
        }
        else      //用户未登录
        {
            Page.ClientScript.RegisterClientScriptBlock(this.GetType(),"",
                "<script language='javascript'>alert('您尚未登录,请登录!!');
                location='MyLogin.aspx'</script>");
        }
    }
```

思考与练习

1. TreeView 控件有哪些常用的属性、事件和方法?
2. TreeView 控件节点有哪些常用的属性?
3. 设计并实现新闻发布系统中权限导航面板功能。

任务 4　主体区域的设计与实现

教学目标

◆掌握 Request 对象的使用方法。
◆掌握 Server 对象的使用方法。

任务描述

　　框架中主体区域用于展现权限导航面板对应的内容页,普通管理员或超级管理员首次登录到后台管理主界面时可以显示用户的身份、网站所在服务器的主目录信息和端口号等网站相关信息,如图 6-1、图 6-2 所示。根据用户登录时保存的身份信息可以判断用户的身份(普通管理员或超级管理员),使用 ASP.NET 的内置对象 Request 和 Server 可以获取网站服务器的相关信息。本次任务以后台管理主界面的主体区域设计为例讲解 Request 对象和 Server 对象的使用方法。

 知识链接

一、Request 对象

Request 对象是 System. Web 命名空间下 HttpRequest 类的一个实例，用来读取客户端传送到服务器端的请求信息，该请求信息包含在 Request 对象中，包括请求报头（Header）、客户端的主机信息、客户端浏览器信息、请求方法（Post 或 Get）、Cookie 信息以及查询字符串等。Request 对象提供了多个属性和方法，下面介绍其常用的属性和方法。

1. Request 对象常用的属性

Request 对象常用的属性及说明见表 6-9。

表 6-9　Request 对象常用的属性及说明

属　性	说　明
SeverVariables	获取服务器端或客户端环境变量的集合
Browser	获取客户端浏览器信息
Path/FilePath	获取当前请求的虚拟路径
ApplicationPath	获取服务器上 ASP. NET 应用程序的虚拟根目录
UserHostAddress	获取客户端主机的 IP 地址
UserHostName	获取客户端主机名

本次任务中，使用了 Request 对象的 ServerVariable 属性，其语法格式为

Request. ServerVariables［环境变量参数］

例如：

Request. ServerVariables［"server _ name"］　　//用于获取服务器的主机名
Request. ServerVariables［"local _ addr"］　　//用于获取服务器的地址
Request. ServerVariables［"server _ port"］　　//用于获取服务器的端口号

2. Request 对象常用的方法

Request 对象常用的方法及说明见表 6-10。

表 6-10　Request 对象常用的方法及说明

方　法	说　明
MapPath	将当前请求的 URL 中的虚拟路径映射到服务器上的物理路径

二、Server 对象

Server 对象（服务器对象）是位于 System. Web 命名空间下 HttpSeverUtility 类的一个实例，它定义了一个与 Web 服务器相关的类，提供了对服务器相关方法和属性的访问。

1. Server 对象常用的属性

Server 对象常用的属性及说明见表 6-11。

表 6-11　Server 对象常用的属性及说明

属　　　性	说　　　明
MachineName	获取服务器的主机名
ScriptTimeout	获取或设置请求超时时限(以 s 为单位)

2. Server 对象常用的方法

Server 对象常用的方法及说明见表 6-12。

表 6-12　Request 对象常用的方法及说明

方　　　法	说　　　明
Execute	停止执行当前页面,转到新的页面执行,执行完毕后返回到原页面,继续执行
Transfer	与 Execute 方法类似,但该方法执行完毕后不再返回原页面
MapPath	返回与 Web 服务器上的指定虚拟路径相对应的物理文件路径
HtmlEncode	对特殊字符串进行 HTML 编码,如将" > "转换为"&gt"
UrlEncode	对特殊字符串进行 URL 编码,以实现服务器向客户端的可靠传输

本次任务中，使用了 Server 对象的 MapPath 方法，其语法格式为：

Server. MapPath(string path)

例：Server. MapPath("admin")获取应用程序 admin 文件夹所在的位置，结果为 E:\Web-News\admin\admin。显然，admin 会多显示一次，因此可以使用字符串截取函数 SubString(int startIndex, int Length)将"\admin"截掉，参考代码如下：

Server. MapPath("admin"). Substring(0,Server. MapPath("admin"). LastIndexOf("\\"))

例：Server. MapPath("..\\Default. aspx")获取文件 Default. aspx 所在的位置，结果为 E:\WebNews\Default. aspx，若要获取 Default. aspx 文件所在目录则需借助 SubString 函数进行截取，参考代码如下：

Server. MapPath("..\\Default. aspx"). Substring(0,Server. MapPath("..\\Default. aspx"). LastIndex
　　Of("\\"))

 任务实施

一、创建主体窗体文件，实现页面布局

在 Admin 文件夹下创建名为 MyRight. aspx 的窗体文件，添加样式规则实现如图 6-1 所示浏览效果。

1) 在 MyNewsStyle. css 样式表文件中添加样式规则如下：

```
1 . RightBorder
2 {
3    padding-left:20px;
```

```
4    padding-top:0px;
5    background-color:#EAF3FD;
6    width:100%;
7    overflow:scroll;
8    overflow-y:auto;
9    overflow-x:hidden! important;
10  }
11  .RightLeft
12  {
13    background-image:url('../admin/Images/LeftLine.jpg');
14    width:14px;
15    height:535px;
16    margin-top:0px;
17    float:left;
18  }
19  .RightMiddle
20  {
21    background-image:url('../admin/Images/MLine.jpg');
22    height:535px;
23    margin-top:0px;
24    float:left;
25    padding-top:40px;
26    padding-left:50px;
27    padding-right:50px;
28  }
29  .RightRight
30  {
31    background-image:url('../admin/Images/RightLine.jpg');
32    height:535px;
33    width:13px;
34    margin-top:0px;
35    float:left;
36  }
```

代码功能描述：

第 1~10 行：设置 MyRight. aspx 页面的整体样式。

第 11~18 行：设置页面左侧的样式。

第 19~28 行：设置页面中部的样式。

第 29~36 行：设置页面右侧的样式。

2）添加控件，并进行属性设置。切换到 MyRight. aspx 文件的【设计】视图，添加 6 个 Label 控件，其属性设置见表 6-13。同时添加静态文本信息，效果如图 6-1 所示。

表 6-13　后台主体窗体控件属性设置

控 件 类 型	控件 ID	说　　明
Label	lblUserInfor	显示当前用户的权限
	lblDirectory	后台管理目录
	lblServerInfor	服务器的基本信息
	lblSysDirectory	程序所在目录
	lblAddress	网站地址
	lblPort	网站端口号

二、添加主体窗体文件的后置代码

页面加载时需要根据 Session["RealName"] 对象的值判断用户是否登录，如果未登录，则提示用户尚未登录，并跳转到登录页面。在用户登录的前提下，进一步根据 Session["UserPower"] 对象的值判断用户的身份，如果是超级管理员显示如图 6-2 所示界面，否则显示如图 6-1 所示界面。

为 MyRight. aspx. cs 文件添加 Page _ Load 事件，添加如下代码：

```
protected void Page _ Load( object sender, EventArgs e)
{
    if( Session["RealName"] ! = null)//用户已登录
    {
        if( Session["UserPower"]. ToString( ) = = "True")//超级管理员
        {
            lblUserInfor. Text = "您当前的权限是超级管理员,拥有后台所有的管理权
                限!";
        }
        else
        {
            lblUserInfor. Text = "您当前是普通管理员,拥有新闻管理及个人信息管理
                的权限!";
        }
        lblDirectory. Text = Server. MapPath("admin"). Substring(0,
            Server. MapPath("admin"). LastIndexOf("\\")). ToString( );
        lblServerInfor. Text = Request. ServerVariables["server _ name"]. ToString( );
        lblSysDirectory. Text = Server. MapPath(".. \\Default. aspx"). Substring(0,
            Server. MapPath(".. \\Default. aspx"). LastIndexOf("\\")). ToString( );
        lblAddress. Text = Request. ServerVariables["local _ addr"]. ToString( );
        lblPort. Text = Request. ServerVariables["server _ port"]. ToString( );
```

```
    }
    else      //用户未登录
    {
        Page. ClientScript. RegisterClientScriptBlock( this. GetType( ) ,"" ,
            " < script language = 'javascript ' > alert( '您尚未登录,请登录!! ' ) ;
            location = 'MyLogin. aspx ' < / script > " ) ;
    }
}
```

 思考与练习

1. 列举 Request 对象的常用属性和方法。
2. 列举 Server 对象的常用属性和方法。
3. 设计并实现后台管理主界面的主体区域。

项目7 新闻类别管理的设计与实现

通过新闻分类可以实现对海量新闻有效地管理,本项目参考搜狐网新闻版块的分类原则实现新闻分类。本项目将介绍新闻大类添加功能、新闻大类管理功能及新闻小类管理功能的设计思路及实现方法。

本项目涉及的知识点:RadioButtonList 控件、比较验证控件、自定义验证控件、AJAX 技术、DropDownList 控件、GridView 控件。

任务1 新闻大类添加功能的设计与实现

教学目标

◆RadioButtonList 控件的使用。

◆比较验证控件的使用。

◆自定义验证控件的使用。

◆AJAX 技术。

◆理清新闻大类添加设计思路,设计并实现新闻大类添加功能。

任务描述

通过分析搜狐网的新闻板块可以看出新闻先被划分为若干新闻大类,然后又被划分为若干新闻小类。首先搜狐网将新闻按"国内新闻"、"国际新闻"、"军事"等新闻大类进行划分,然后某新闻大类又划分为各种新闻小类。例如"国内新闻"按"时政要闻"、"内地新闻"、"港澳台新闻"等新闻小类进行划分。

本次任务主要分析并实现新闻大类添加功能,讲解该功能模块中用到的 Web 服务器控件及相关技术。新闻大类管理页面效果图如图 7-1 所示。

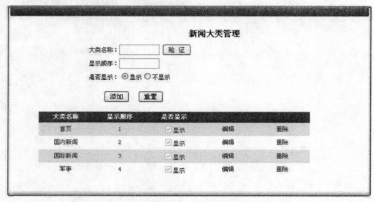

图 7-1 新闻大类管理页面效果图

新闻大类对应后台数据库的 MainClass 表，即新闻大类表。新闻大类添加功能实现把新闻大类名称、新闻大类名称在导航中的显示顺序（简称为大类的显示顺序）、新闻大类名称在导航中是否显示（简称为大类是否显示）等数据追加到新闻大类表中。

基于界面交互性强、易操作的原则，同时又兼顾教学内容，新闻大类添加页面设计要求管理员输入大类名称和大类的显示顺序，选择大类是否显示。实现功能时需要验证输入数据的有效性；新添加的大类名称不能为空，且与数据库中已存在的大类名称不重复；大类的显示顺序必须为数值类型数据；大类默认情况下为显示状态；只有验证合法的数据才能通过【添加】按钮追加到新闻大类表中；【重置】按钮可以恢复页面为最初状态。

 知识链接

一、RadioButtonList 控件

RadioButtonList 控件（单选按钮组控件）表示封装了一组单选按钮控件的列表控件。RadioButton 控件（单选按钮控件）很少单独使用，通过设置其 GroupName 属性实现分组，以提供互斥的多个选项。在一个分组内，每次只能选择一个选项。Checked 属性表示该按钮是否被选中，值为"true"时表示选中，否则为未选中。

使用 RadioButton 控件或 RadioButtonList 控件实现从一组互相排斥的预定义选项中选择一个选项的功能。使用这些控件可定义任意数目的带标签的单选按钮，并将它们水平或垂直排列。

RadioButtonList 控件常用的属性/方法/事件及说明见表 7-1。

表 7-1　RadioButtonList 控件常用的属性/方法/事件及说明

属性/方法/事件	说　明
AutoPostBack 属性	获取或设置一个值,该值指示当用户更改列表中的选定内容时是否自动产生向服务器的回发
CausesValidation 属性	获取或设置一个值,该值指示当单击从 ListControl 类派生的控件时是否执行验证
DataSource 属性	获取或设置 RadioButtonList 控件的数据源
DataTextField 属性	获取或设置为列表项提供文本内容的数据源字段
DataTextFormatString 属性	获取或设置格式化字符串,该字符串用来控制如何显示绑定到列表控件的数据
DataValueField 属性	获取或设置为各列表项提供值的数据源字段
ID 属性	获取或设置分配给服务器控件的编程标志符
Items 属性	获取列表控件项的集合
RepeatColumns 属性	获取或设置要在 RadioButtonList 控件中显示的列数
RepeatDirection 属性	获取或设置组中单选按钮的显示方向
RepeatedItemCount 属性	获取 RadioButtonList 控件中的列表项数
RepeatLayout 属性	获取或设置组内单选按钮的布局
SelectedIndex 属性	获取或设置列表中选定项的索引
SelectedItem 属性	获取列表控件中选定项
SelectedValue 属性	获取列表控件中选定项的值,或选择列表控件中包含指定值的项
DataBind 方法	绑定 RadioButtonList 控件的数据源
SelectedIndexChanged 事件	当列表控件的选定项发生变化时触发

RepeatColumns 属性：获取或设置要在 RadioButtonList 控件中显示的列数，默认值为 0，表示未设置此属性。如果未设置该属性，则 RadioButtonList 控件将在一列中显示所有列表项。

RepeatDirection 属性：获取或设置组中单选按钮的显示方向，默认值为 Vertical。如果该属性设置为 Vertical，则列表项以列的形式显示，自上而下、从左到右地加载，直到呈现出所有的项。如果该属性设置为 Horizontal，则列表项以行的形式显示，从左到右、自上而下地加载，直到呈现出所有的项。

RepeatLayout 属性获取或设置组内单选按钮的布局，默认值为 Table。如果该属性设置为 Table，则以表格的形式显示列表项。如果该属性设置为 Flow，则以流形式显示列表项。

二、验证控件

1. CompareValidator 控件

CompareValidator 控件即比较验证控件，可以实现：

1）使用比较运算符（小于、等于、大于等）将用户输入的值与某一指定的值进行比较；

2）使用比较运算符（小于、等于、大于等）将用户输入的值与另一控件的输入值进行比较；

3）校验控件值的数据类型，如整型、字符串型等。

CompareValidator 控件的常用属性及说明见表 7-2。

表 7-2　CompareValidator 控件的常用属性及说明

属　　性	说　　明
ValueToCompare	用于设置进行比较的常数值
ControlToCompare	用于设置比较的控件 ID
Type	用于设置比较的值的数据类型，数据类型包括 String、Integer、Double、Date、Time、Currency
Operator	对值进行的比较操作，该属性有 7 个值

Operator 属性表示比较的两个值之间应满足的关系，该属性取值及说明见表 7-3。

表 7-3　Operator 属性的取值及说明

值	说　　明
Equal	若相比较的两个值相等，则通过验证
Not Equal	若相比较的两个值不相等，则通过验证
GreaterThan	当被验证的值（ControlToValidate 属性所指向控件的值）大于指定的常数（ValueToCompare）或指定控件（ControlToCompare）的值时，则通过验证
GreaterThanEqual	当被验证的值（ControlToValidate 属性所指向控件的值）大于等于指定的常数（ValueToCompare）或指定控件（ControlToCompare）的值时，则通过验证
LessThan	当被验证的值（ControlToValidate 属性所指向控件的值）小于指定的常数（ValueToCompare）或指定控件（ControlToCompare）的值时，则通过验证

（续）

值	说　　明
LessThanEqual	当被验证的值(ControlToValidate 属性所指向控件的值)小于等于指定的常数(ValueToCompare)或指定控件(ControlToCompare)的值时,则通过验证
DataTypeCheck	当被验证的值(ControlToValidate 属性所指向控件的值)与指定的数据类型(Type 属性所指向控件的值)相同时,则通过验证

2. CustomValidator 控件

CustomValidator 控件使用用户编写的验证逻辑检查用户输入，此类验证能检查在运行时派生的值。CustomValidator 控件常用的属性/事件及说明见表 7-4。

表 7-4   CustomValidator 控件常用的属性/事件及说明

属性/事件	说　　明
ClientValidationfunction 属性	获取或设置用于验证的自定义客户端脚本函数的名称
ValidateEmptyText 属性	获取或设置一个布尔值(true 或 false),该值指示是否验证空文本
ServerValidate 事件	在执行服务器验证时发生的事件

ServerValidate 事件是用户自定义的验证函数，形式如下：

```
protected void cvClassName _ ServerValidate( object source, ServerValidateEventArgs args)
{
    if( args. value%2) ==0)
        args. isvalid = true;
    else
        args. isvalid = false;
}
```

如果 args. IsValid = true，则表示验证通过，否则表示验证失败。

三、AJAX 技术

1. AJAX 技术概述

AJAX（Asynchronous JavaScript and XML）是目前 Web 应用程序中广泛使用的一种技术，它改变了传统 Web 应用程序中客户端和服务器端"请求—等待—响应"的模式，通过使用 AJAX 技术向服务器发送和接收需要的数据，避免产生页面刷新。

与传统的 Web 应用模式相比，AJAX 提供了一个中间层即 AJAX 引擎来处理服务器和客户端之间的通信。优点在于：无须整个页面回发，只是进行页面的局部更新，就能够使 Web 服务器尽快地响应用户的请求。AJAX 引擎其实是一个 JavaScript 对象或函数，只有当信息必须从服务器上获取时才调用它。当需要调用或执行服务器端请求时，向 AJAX 引擎发出一个函数调用，服务器端请求都是异步完成的。

服务器将配置向 AJAX 引擎返回其可用的数据，这些数据可以是任意格式（纯文本、XML 等），唯一要求就是 AJAX 引擎能够理解和翻译该数据。当 AJAX 引擎收到服务器响应时，将会触发一些操作，通常是完成数据解析，并对用户界面做一些修改。由于这个过程中传送的信息比传统的 Web 应用程序模式少得多，因此用户界面的更新速度更快，极大地提升用户的浏览体验。

AJAX 技术由多种技术组合而成，主要包括：

➢ HTML/XHTML：页面主要内容的表示语言。

➢ CSS：为 HTML/XHTML 提供文本格式定义。

➢ DOM：对已载入的页面进行动态更新。

➢ JavaScript：用来编写 AJAX 引擎的脚本语言。

➢ XML：XML DOM、XSLT、XPath 等 XML 编程语言。

AJAX 的核心是 XMLHttpRequest 对象，该对象由浏览器中的 JavaScript 创建，负责在后台以异步的方式使客户端连接到服务器。

ASP. NET Framework 3.5 内嵌了 AJAX 功能，当创建 Web 应用程序时，可以在工具箱中看到 AJAX Extensions 选项卡，直接使用即可，如图 7-2 所示。

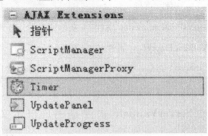

图 7-2　AJAX Extensions 选项卡

2. ScriptManager 控件

在 ASP. NET 中，ScriptManager 是 AJAX 的核心服务器控件，用来处理页面上局部更新，同时生成相关脚本以便能通过 JavaScript 访问 Web 服务器。任何一个想要使用 AJAX 的 ASP. NET 页面都需要包含一个 ScriptManager 控件，而且只能有一个。需要注意的是，ScriptManager 控件必须出现在所有 ASP. NET 控件之前。若使用母版页设计页面，可将 ScriptManager 控件放在母版页中。

在 AJAX 应用中，ScriptManager 控件基本不需要配置就能够使用，其标签为：

```
< asp:ScriptManager ID = " ScriptManager1" runat = " server" >
</asp:ScriptManager >
```

ScriptManager 控件常用的属性及说明见表 7-5。

表 7-5　ScriptManager 控件常用的属性及说明

属　　性	说　　明
AllowCustomErrorRedirect	表示在异步回发过程中是否进行自定义错误重定向,默认值为 true
AsyncPostBackErrorMessage	表示异步回送发生错误时的自定义错误信息
AsyncPostBackErrorTimeout	表示异步回送超时时限,默认值为 90s
EnablePartialRendering	表示是否支持页面的局部更新,默认值为 true
LoadScriptBeforeUI	表示是否需要在加载 UI 控件前首先加载脚本,默认为 false
ScriptMode	指定 ScriptManager 发送到客户端的脚本模式,有 4 种模式:Auto、Inherit、Debug 和 Release,默认值为 Auto
ScriptPath	设置所有脚本块的根目录,包括自定义的脚本块或引用第三方的脚本块,作为全局属性

3. UpdatePannel 控件

UpdatePannel 控件是一个容器控件，为其包含的局部页面提供了异步回送、局部刷新功能。在使用 UpdatePannel 控件时，整个页面中只有 UpdatePannel 控件中的服务器控件或事件进行刷新操作，而页面的其他部分则不会被刷新，使页面内容切换平滑。

UpdatePannel 控件的常用属性及说明见表 7-6。

表 7-6　UpdatePannel 控件常用的属性及说明

属　　性	说　　明
RenderMode	指明 UpdatePannel 控件呈现为块标签 < div > 还是内联标签 < span >
UpdateMode	指明 UpdatePannel 控件是在每次异步回发时刷新还是只在发生特定操作时刷新
ChildrenAsTriggers	指明 UpdatePannel 控件子控件的回发是否导致 UpdatePannel 控件的刷新，默认值为 true
EnableViewState	指明 UpdatePannel 控件是否自动保存其状态以用于返回过程

当 ScriptManager 控件允许局部刷新时，通过 UpdatePannel 控件中的某个控件触发一个回送请求，UpdatePannel 可以截获该请求，并启动一个异步回送来更新此网页的局部内容。请求以异步的方式发送到服务器，当服务器接受请求后，执行操作并通过 DOM 对象来替换局部代码。

UpdatePannel 控件通过 < ContentTemplate > 和 < Triggers > 标签来处理页面上引发异步页面回送的内容。< ContentTemplate > 标签中包含需要实现局部刷新的控件；< Triggers > 标签指定引发异步页面回送的触发器，包含 AsyncPostBackTrigger 和 PostBackTrigger 两个控件。

1）AsyncPostBackTrigger 控件用来指定 UpdatePannel 异步刷新触发器，通过 ControlID 属性设置异步页面回送触发器的控件；EventName 属性值是 ControlID 指定的控件事件名，该事件要在客户端的异步请求中调用。

2）PostBackTrigger 控件用来指定在 UpdatePannel 中的某个控件所产生的事件使用传统的回发方式进行回发，即不会产生异步刷新。

 任务实施

在 Admin 文件夹下创建名为 MainClass. aspx 的新闻大类管理窗体文件，使用 DIV + CSS 对页面进行布局，实现如图 7-1 所示浏览效果。

一、添加控件，并进行属性设置

1）切换到 MainClass. aspx 文件的【源】视图，添加 2 个 TextBox 控件、1 个 RadioButtonList 控件和 1 个按钮控件，并对控件设置属性，见表 7-7。

表 7-7　新闻大类添加功能控件属性设置

控件类型	控件 ID	属性名称	属性值
TextBox	txtClassName	Width	80px
	txtClassOrder	Width	80px
Label	lblMessage	ForeColor	Red
		Visible	false
RadioButtonList	radDisplay	RepeatDirection	Horizontal
		RepeatLayout	Flow
Button	butAdd	Text	添加
	butReset	Text	重置

2）新添加的新闻大类的数据必须进行合法性验证。添加 1 个必须验证控件、1 个比较验证控件及 1 个自定义验证控件，并对控件设置属性。属性及属性值见表 7-8。

表 7-8　验证控件属性设置

控件类型	控件 ID	属性名称	属性值
RequiredFieldValidator	rfvClassName	ControlToValidate	txtClassName
		Display	None
		ErrorMessage	大类名称不能为空!!
CustomValidator	cvClassName	ControlToValidate	txtClassName
		Display	Dynamic
		ErrorMessage	此大类名称已存在!!
CompareValidator	cvOrder	ControlToValidate	txtClassOrder
		Display	Dynamic
		ErrorMessage	请输入数值类型的数据!!
		Operator	DataTypeCheck
		Type	Integer

二、新闻大类添加功能实现

1. 实现新闻大类名称验证功能

管理员在新闻大类管理界面输入新闻大类名称后单击"验证"按钮，实现新闻大类名称的验证功能。如果此大类名称已存在则显示"此大类名称已存在!!"的错误提示；如果不存在则显示"合法大类名称!!"的提示。

1）添加自定义验证控件的 ServerValidate 事件。

验证大类名称是否存在设计思路：以输入的大类名称为条件，在数据表中查询符合条件的记录行数。如果行数大于 0，则表示大类名称已存在；否则表示输入了合法的大类名称。参考代码如下：

```
protected void cvClassName _ ServerValidate( object source, ServerValidateEventArgs args)
{
    string strCmd, strClassName;
    int intFlag = 0;
    strClassName = args. Value. ToString( );
    strCmd = "select Count( * ) from MainClass where ClassName = '" + strClassName + "'";
    intFlag = int. Parse( sql. GetFirLineFirColumn( strCmd). ToString( ) );
    if( intFlag > 0)
    {
        args. IsValid = false;
    }
    else
    {
        args. IsValid = true;
    }
}
```

2）添加【验证】按钮的 Click 事件。

【验证】按钮实现依据自定义验证控件的验证结果判断是否显示"合法大类名称"提示功能。设计思路：如果自定义验证控件的验证结果为合法，则显示提示消息。

```
protected void butVertify _ Click( object sender, EventArgs e)
{
    if( !cvClassName. IsValid)
    {
        lblMessage. Visible = false;
    }
    else
    {
        lblMessage. Visible = true;
        lblMessage. Text = "合法大类名称!!";
    }
}
```

2. 实现新闻大类添加功能

新闻大类添加功能设计思路：在输入合法数据的前提下，分别获取用户输入的数据，然后构造正确的数据插入语句，调用封装的 GetAffectedLine 方法实现数据写入功能。如果成功写入数据则弹出"成功写入新闻大类!"信息框；否则窗体恢复到最初状态。参考代码如下：

```
protected void butAdd _ Click( object sender, EventArgs e)
{
    string strClassName;
    int ClassOrder, ClassFlag, intFlag = 0;
    if ( Page. IsValid)
    {
        strClassName = txtClassName. Text. ToString( );
        if( txtClassOrder. Text !  = "")
        {
            ClassOrder = int. Parse( txtClassOrder. Text. ToString( ));
        }
        else
        {
            ClassOrder = 10;
        }
        ClassFlag = int. Parse( radDisplay. SelectedValue. ToString( ));
        string strCmd;
```

```
strCmd = " insert into MainClass ( ClassName, ClassOrder, ClassFlag) values ('" +
        strClassName + "'," + ClassOrder + " ," + ClassFlag + " ) ";
intFlag = sql. GetAffectedLine( strCmd) ;
if < intFlag > 0)
{
    Page. ClientScript. RegisterStartupScript( this. GetType( ) , " Warning" ,
    " < script language = javascript >alert('成功写入新闻大类!')</script >" ) ;
    gvBind( ) ;
}
else
{
    Page. ClientScript. RegisterStartupScript( this. GetType( ) , " Warning" ,
    " < script language =javascript >alert('新闻大类写入失败!!')</script >" ) ;
    txtClassName. Focus( ) ;
    txtClassName. Text = " " ;
    txtClassOrder. Text = " " ;
    radDisplay. Items[ 0 ]. Selected = true ;
    radDisplay. Items[ 1 ]. Selected = false ;
}
}
}
```

3. 功能完善

通过系统调试不难发现，单击"验证"按钮时整个页面提交服务器，已输入的数据全部清空，用户体验较差。利用 AJAX 技术实现局部刷新，参考代码如下：

```
< asp:ScriptManager ID = " ScriptManager1" runat = " server" >
</asp:ScriptManager >
< asp:UpdatePanel ID = " UpdatePanel1" runat = " server" RenderMode = " Inline" >
    < ContentTemplate >
    大类名称:
    < asp:TextBox ID = "txtClassName" runat = " server" Width = "80px" > </asp:TextBox >
    < asp:RequiredFieldValidator ID = " rfvClassName" runat = " server"
        ControlToValidate = " txtClassName" Display = " None"
        ErrorMessage = " 大类名称不能为空!!" > </asp:RequiredFieldValidator >
    < asp:CustomValidator ID = " cvClassName" runat = " server" Display = " Dynamic"
        ControlToValidate = " txtClassName" ErrorMessage = " 此大类名称已存在!!"
        onservervalidate = " cvClassName _ ServerValidate" > </asp:CustomValidator >
    < asp:Label ID = " lblMessage" runat = " server" ForeColor = " Red"
```

```
                    Visible = " false " > < /asp : Label >
        < /ContentTemplate >
        < Triggers >
            < asp : AsyncPostBackTrigger ControlID = " butVertify " / >
        < /Triggers >
    < /asp : UpdatePanel >
```

思考与练习

1. 设计新闻大类添加页面，并实现其功能。
2. 简述 AJAX 技术。

任务2   新闻大类管理功能的设计与实现

教学目标

◆ 掌握 GridView 控件 CheckBoxField 列、CommandField 列的使用方法。
◆ 掌握 GridView 控件分页功能实现方法。
◆ 学会使用 GridView 控件实现数据管理。
◆ 理清新闻大类管理功能设计思路，设计并实现新闻大类管理功能。

任务描述

　　任务 1 实现了新闻大类的添加功能，除此之外新闻大类管理功能还应该包含新闻大类数据编辑及删除功能。本次任务主要分析并实现新闻大类编辑及删除功能，讲解如何利用 GridView 控件实现分页、数据更新及数据删除功能，实现效果如图 7-1 所示。

　　当管理员单击图 7-1 中的【删除】按钮时，将删除该行的新闻大类；当单击【编辑】按钮时，该数据行处于编辑模式，如图 7-3 所示。

大类名称	显示顺序	是否显示		
首页	1	☑显示	编辑	删除
国内新闻	2	☑显示	更新 取消	
国际新闻	3	☑显示	编辑	删除
军事	4	☑显示	编辑	删除

图 7-3   处于编辑模式的数据行

　　处于编辑模式的数据行，数据在可编辑控件中显示，管理员可对该数据行执行编辑操作，编辑完成后单击【更新】按钮，可将编辑后的数据保存至数据库，同时退出编辑模式，返回操作页面并显示编辑后的数据行，如图 7-4 所示。若想撤消编辑，单击【取消】按钮退出编辑模式，返回操作页面并显示编辑前的数据行，如图 7-5 所示。

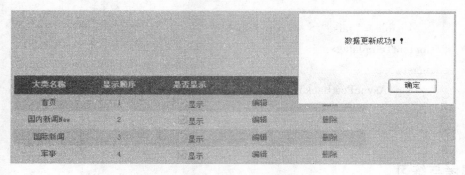

图 7-4　数据更新效果图

大类名称	显示顺序	是否显示		
首页	1	☑显示	编辑	删除
国内新闻	2	☑显示	编辑	删除
国际新闻	3	☑显示	编辑	删除
军事	4	☑显示	编辑	删除

图 7-5　取消更新效果图

利用 GridView 控件实现分页、数据更新及数据删除功能。首先需要将数据绑定到 Grid-View 控件上，为增强程序的可读性，添加 CheckBoxField 复选框列显示新闻大类表中大类是否显示字段的值；其次启用 GridView 控件的分页功能，实现分页；最后为 GridView 控件添加 CommandField 列（编辑按钮和删除按钮），实现新闻大类的编辑和删除功能。

 知识链接

一、GridView 控件常用的样式属性

GridView 控件以表格形式呈现数据行。根据行所处的位置和实现的功能，数据行有以下几种类型：表头行、交替行、选中行、编辑行、空数据行、数据行、表尾行和分页行。设置各行属性以实现对数据对象的访问和处理。通过为 GridView 控件的不同数据行设置样式属性来自定义该控件的外观，GridView 控件常用的样式属性及说明见表 7-9。

表 7-9　GridView 控件常用的样式属性及说明

样式属性	说　　明
AlternatingRowStyle	用于设置 GridView 控件中的交替数据行的样式
EditRowStyle	用于设置 GridView 控件中正在编辑的行的样式
EmptyDataRowStyle	当数据源不包含任何记录时，用于设置 GridView 控件中显示的空数据行的样式
FooterStyle	用于设置 GridView 控件的脚注行的样式
HeaderStyle	用于设置 GridView 控件的标题行的样式
PagerStyle	用于设置 GridView 控件的分页导航行的样式
RowStyle	用于设置 GridView 控件中的数据行的样式
SelectedRowStyle	用于设置 GridView 控件中的选中行的样式

二、GridView 控件常用的属性

GridView 控件提供了丰富的属性，GridView 控件常用的属性及说明见表 7-10。

表 7-10 GridView 控件常用的属性及说明

属　　性	说　　明
AllowPaging	获取或设置一个布尔值,该值指示是否启用分页功能
AllowSorting	获取或设置一个布尔值,该值指示是否启用排序功能
AutoGenerateColumns	获取或设置一个布尔值,该值指示是否为数据源中的每个字段自动创建绑定字段
CellPadding	获取或设置单元格的内容和单元格的边框之间的空间量
CellSpacing	获取或设置单元格间的空间量
DataKeyNames	用于获取或设置数据源中以逗号分隔的键字段列表
DataSource	获取或设置对象,数据绑定控件从该对象中检索其数据项列表
DataSourceID	获取或设置控件的数据源控件 ID,数据绑定控件从该控件中检索其数据项列表
PageIndex	获取或设置当前显示页的索引
PageSize	获取或设置 GridView 控件在每页上所显示的记录数目
PageSettings	控制与控件关联的分页 UI 设置
ShowFooter	设置一个布尔值,显示或隐藏 GridView 控件的页脚节
ShowHeader	设置一个布尔值,显示或隐藏 GridView 控件的页眉节
EditIndex	获取或设置在编辑模式下显示的行的索引

使用 DataSourceID 属性进行数据绑定，此选项使管理员能够将 GridView 控件绑定到数据源控件。使用此方法，将允许 GridView 控件利用数据源控件提供内置的排序、分页和更新功能。

使用 DataSource 属性进行数据绑定，此选项使管理员能够将 GridView 控件绑定到包括 ADO. NET 数据集和数据读取器在内的各种对象。此方法需要为所有附加功能（如排序、分页和更新）编写代码。

默认情况下，GridView 控件的 AutoGenerateColumns 属性被设置为 true，即为数据源中的每一个字段自动创建一个 AutoGeneratedField 对象。然后每个字段作为 GridView 控件中的列呈现，其顺序与每一字段在数据源中出现的顺序相同。如果将 AutoGenerateColumns 属性设置为 false，可以自定义列字段集合，手动控制哪些列字段将显示在 GridView 控件中。不同的列字段类型决定控件中各列不同的行为。

GridView 控件内置分页功能，将 AllowPaging 属性设置为 true，可以启用分页；通过 PageSize 属性来设置页的大小；通过 PageIndex 属性设置控件的当前页；PageSettings 属性包含了与控件关联的分页 UI 设置属性，如 Mode 属性用于设置要使用的分页 UI 类型；PageButton-Count 用于设置分页用户界面中要显示的页数；Position 属性用于设置导航栏的位置；First-PageText 属性用于设置"第一页"按钮上使用的文本等。

三、GridView 控件常用的事件

GridView 控件提供了大量的事件，允许开发人员执行各项自定义的操作。GridView 控件常用的事件及说明见表 7-11。

表 7-11　GridView 控件常用的事件及说明

事　件	说　明
DataBinding	当 GridView 控件绑定到数据源时发生此事件
DataBound	当 GridView 控件绑定到数据源后发生此事件
Init	在完成 GridView 控件的初始化后引发此事件
PageIndexChanging	在单击【分页】导航按钮并在处理分页操作之前引发此事件，一般可以在此事件处理程序中取消分页操作
PageIndexChanged	在单击【分页】导航按钮并在处理分页操作之后引发此事件，一般可以在此事件处理程序中执行一些自定义操作
RowCancelingEdit	当用户单击【取消】按钮时引发此事件，一般可以在此事件处理程序中取消用户所进行的数据更新操作
RowCreated	当创建了某一新的数据行时引发此事件
RowCommand	当 GridView 控件中任一按钮被单击时引发此事件
RowDataBound	当数据行绑定数据完成后引发此事件
RowDeleting	当单击【删除】按钮，并在删除发生前引发此事件，一般可以在此事件处理程序中取消删除操作或对数据的有效性进行检查
RowDeleted	当单击【删除】按钮，并在删除发生后引发此事件，一般可以在此事件处理程序中检查删除操作的结果
RowEditing	当用户单击【编辑】按钮时引发此事件，控件转换为编辑模式
RowUpdating	当用户单击【更新】按钮并在更新发生前引发此事件，一般可以在此事件处理程序中对更新数据的有效性进行检查
RowUpdated	当用户单击【更新】按钮并在更新发生后引发此事件，一般可以在此事件处理程序中对更新操作的结果进行检查

四、GridView 控件的数据编辑、删除功能

GridView 控件支持编辑模式，在编辑模式下用户可更改单个数据行的内容；同时，GridView 控件支持删除模式，在该模式下用户可以从数据源中删除当前行。

GridView 内置了一系列 CommandField 列，实现对数据的编辑、删除、选择等操作。可以将 GridView 控件配置为在每一行都显示一个【编辑】按钮。当用户单击【编辑】按钮时，将在编辑模式下重新显示该行；显示时，数据显示在可编辑控件（如 TextBox 和 CheckBox 控件）中，用户可以对数据进行编辑；同时，【编辑】按钮变为【更新】和【取消】按钮，用户单击【更新】按钮时会更新数据，并退出编辑模式；单击【取消】按钮，则取消数据修改，并退出编辑模式。处于编辑模式的数据行如图 7-3 所示。

EditIndex 属性用于获取或设置要编辑行的索引，即以编程方式指定或确定要编辑 GridView 控件中的哪一行。要编辑行的索引从零开始，默认值为 -1，指示没有正处于编辑模式的行。当此属性被设置为控件中的某一行的索引时，该数据行进入编辑模式。在编辑模式中，非只读行中的每一个列字段显示对应于该字段数据类型的输入控件，如 TextBox 控件，允许用户修改该字段的值。若要退出编辑模式，需将 EditIndex 属性值设置为 -1。

可以将 GridView 控件配置为在每一行都显示一个【删除】按钮。在用户单击该按钮时，将从数据源中删除该行并重新显示绑定数据。

 任务实施

打开 Admin 文件夹下名为 MainClass.aspx 的新闻大类管理窗体文件。

一、添加 GridView 控件，并进行属性设置

切换到 MainClass.aspx 文件的【源】视图，添加 div 标签，并在 div 标签中添加 GridView 控件，设置 GridView 控件的 ID 属性为 gvMainClass。

1. 设置列类型，绑定数据

通过 GridView 控件的【字段】窗口手动添加 2 个 BoundField 列（绑定大类名称和大类的显示顺序）、1 个 CheckBoxField 列（绑定大类是否显示）、2 个 CommandField 列（显示编辑和删除按钮），并进行属性设置见表 7-12。

表 7-12　GridView 控件属性设置

列类型	属性	属性值	说　明
BoundField	DataField	ClassName	设置该列绑定 ClassName 字段
	HeaderText	大类名称	设置该列标头显示"大类名称"
	DataField	ClassOrder	设置该列绑定 ClassOrder 字段
	HeaderText	显示顺序	设置该列标头显示"显示顺序"
CheckBoxField	DataField	ClassFlag	设置该列绑定的 ClassFlag 字段
	HeaderText	是否显示	设置该列标头显示"是否显示"
	Text	显示	设置该列 CheckBox 控件 Text 属性值为"显示"
CommandField	ShowEditButton	true	设置该列是否显示【编辑】按钮
	CausesValidation	false	单击【编辑】按钮时是否激发验证
	ShowDeleteButton	true	设置该列是否显示【删除】按钮

2. 格式设置

设置 GridView 控件的格式为【自动套用格式】中的【简明型】，并设置列的标头样式、行样式，属性设置见表 7-13。

表 7-13　GridView 控件属性设置

样式	属性	属性值	说　明
HeaderStyle	Height	30px	设置列标头的高度
	HorizontalAlign	Center	设置列标头的水平对齐方式
	VerticalAlign	Middle	设置列标头的垂直对齐方式
ItemStyle	Width	100px	设置该列数据行的宽度
	HorizontalAlign	Center	设置该列数据行的水平对齐方式
	VerticalAlign	Middle	设置该列数据行的垂直对齐方式

二、新闻大类管理功能实现

1. 页面初次加载时数据绑定

在 Page_Load 事件中添加代码，参考代码如下：

```
if( ! Page. IsPostBack)
{
    gvBind( );
}
```

其中，gvBind（）方法实现为 GridView 控件绑定数据，参考代码如下：

```
public void gvBind( )
{
    DataSet ds  =  new DataSet( );
    string strCmd  =  "select  *  from MainClass";
    ds  =  sql. GetDataSet( strCmd );
    gvMainClass. DataSource  =  ds;
    gvMainClass. DataBind( );
}
```

2. 分页功能实现

启用 ID 属性为 gvMainClass 的 GridView 控件的分页功能，设置分页相关属性。分页属性设置见表 7-14。

表 7-14　GridView 控件分页属性设置

属性	属性值	说　　明
AllowPaging	true	启用 GridView 控件的分页功能
PageSize	7	设置 GridView 控件每页显示 7 条数据

为 GridView 控件添加 PageIndexChanging 事件，响应单击分页导航的按钮事件。参考代码如下：

```
gvMainClass. PageIndex  =  e. NewPageIndex;
gvBind( );
```

3. 删除数据功能实现

为 GirdView 控件添加 RowDeleting 事件，响应单击【删除】按钮事件，以实现数据删除功能，参考代码如下：

```
1 protected void gvMainClass _ RowDeleting( object sender, GridViewDeleteEventArgs e)
2 {
3     int intFlag = 0;
4     string strCmd;
5     int ClassID = int. Parse( gvMainClass. DataKeys[ e. RowIndex]. Value. ToString( ) );
6     strCmd = "Delete From MainClass where ClassID = "  + ClassID;
7     intFlag = sql. GetAffectedLine( strCmd );
```

```
8      if( intFlag > 0)
9      {
10             Page. ClientScript. RegisterStartupScript( this. GetType( ) , " Warning",
           " < script language = javascript > alert('数据删除成功!! ') </script >");
11     }
12     else
13     {
14             Page. ClientScript. RegisterStartupScript( this. GetType( ) , " Warning",
           " < script language = javascript > alert('删除失败!! ') </script >");
15     }
16     gvMainClass. EditIndex = − 1;
17     gvBind( );
18 }
```

代码功能描述：

第 5 行：获取 GridView 控件处于编辑模式行的主键值。

第 6 行：构造实现删除操作的 T-SQL 语句。

第 7 行：调用封装的 GetAffectedLine 方法执行删除操作。

第 8 ~ 15 行：根据返回值判断删除操作执行成功或失败，并弹出提示消息。

第 16 ~ 17 行：退出编辑模式执行数据绑定。

4. 数据更新功能实现

1）为 GirdView 控件添加 RowEditing 事件，响应【编辑】按钮事件，即当用户单击数据行【编辑】按钮时，该行处于编辑模式。参考代码如下：

```
1 protected void gvMainClass _ RowEditing( object sender, GridViewEditEventArgs e)
2 {
3     gvMainClass. EditIndex = e. NewEditIndex;
4     gvBind( );
5 }
```

代码功能描述：

第 3 行：设置 GridView 控件处于编辑行的索引。

2）为 GirdView 控件添加 RowCancelingEdit 事件，响应单击处于编辑模式的【取消】按钮事件，即退出编辑模式，重新绑定数据并显示。参考代码如下：

```
protected void gvMainClass _ RowCancelingEdit( object sender,
    GridViewCancelEditEventArgs e)
{
    gvMainClass. EditIndex = − 1;
    gvBind( );
}
```

3）为 GirdView 控件添加 RowUpdating 事件，响应单击处于编辑模式的【编辑】按钮事件，即获取更新的数据，实现数据更新功能。参考代码如下：

```
1  protected void gvMainClass _ RowUpdating(object sender, GridViewUpdateEventArgs e)
2  {
3      int ClassID, intFlag = 0;
4      TextBox txtClassName, txtClassOrder;
5      CheckBox chkDisp;
6      string strClassName;
7      int ClassOrder, ClassFlag;
8      txtClassName = (TextBox) gvMainClass. Rows[e. RowIndex]. Cells[0]. Controls[0];
9      txtClassOrder = (TextBox) gvMainClass. Rows[e. RowIndex]. Cells[1]. Controls[0];
10     chkDisp = (CheckBox) gvMainClass. Rows[e. RowIndex]. Cells[2]. Controls[0];
11     strClassName = txtClassName. Text. ToString();
12     if (txtClassOrder. Text ! = "")
13     {
14         ClassOrder = int. Parse(txtClassOrder. Text. ToString());
15     }
16     else
17     {
18         ClassOrder = 10;
19     }
20     if (chkDisp. Checked)
21     {
22         ClassFlag = 1;
23     }
24     else
25     {
26         ClassFlag = 0;
27     }
28     ClassID = int. Parse(gvMainClass. DataKeys[e. RowIndex]. Value. ToString());
29     string strCmd;
30     strCmd = "Update MainClass set ClassName ='" + strClassName +"',ClassOrder = " +
               ClassOrder + ",ClassFlag = " + ClassFlag + " where ClassID = " + ClassID;
31     intFlag = sql. GetAffectedLine(strCmd);
32     if (intFlag > 0)
33     {
34         Page. ClientScript. RegisterStartupScript(this. GetType(), "Warning",
               " < script language = javascript > alert('数据更新成功!!') </script > ");
```

```
35            }
36            else
37            {
38            Page. ClientScript. RegisterStartupScript(this. GetType(), " Warning",
                  " < script language = javascript > alert('更新失败!! ') </script >");
39            }
40            gvMainClass. EditIndex = -1;
41            gvBind();
42   }
```

代码功能描述:

第4行: 定义文本框对象。

第5行: 定义复选框对象。

第8~9行: 获取处于编辑模式数据行中的控件,强制转换为文本框控件,并赋值给已定义的文本框对象。其中,e. RowIndex 用于获取当前更新行的索引;Cells[n]. Controls[0]用于获取当前第 n+1 个单元格中的第一个控件。

第10行: 获取处于编辑模式数据行中的控件,并强制转换为复选框控件,并赋值给已定义的复选框。

第11~27行: 获取更新后的数据。

 思考与练习

1. 使用 GridView 控件实现数据分页、编辑、删除功能。

2. 完善数据删除功能,实现单击"删除"按钮时,弹出提示消息,询问是否要执行删除操作,并根据返回值执行不同的操作。

3. 完善新闻大类管理功能,以实现只有合法登录且具有新闻大类管理权限的管理员才可以执行新闻大类管理功能。

任务3 新闻小类管理功能的设计与实现

 教学目标

◆掌握 DropDownList 控件的使用方法。

◆了解 GridView 控件模板列的功能。

◆掌握 GridView 控件模板列的使用方法。

◆理清新闻小类管理功能的设计思路,设计并实现新闻小类管理功能。

 任务描述

新闻小类管理即实现新闻小类的添加、更新、删除等功能,管理页面效果图如图7-6所示。需要指出的是新闻小类必须从属于某一新闻大类,否则该新闻小类没有意义。通过与新闻大类管理界面效果图比较不难发现，在实现新闻小类的添加功能时，需要选择所属的新闻大类，本案例中采用下拉列表框实现，其他与新闻大类添加功能完全相同。本次任务将讲解 DropDownList 控件的使用方法，以及使用 GridView 控件模板列实现新闻小类的更新及删除功能。

新闻小类管理

图 7-6　新闻小类管理页面效果图

在实现新闻小类添加功能时，所属的新闻大类信息应该从新闻大类表中获取，即为 DropDownList 控件动态绑定显示数据。

使用 GridView 控件实现新闻小类更新及删除功能，新闻小类更新即修改小类名称、小类显示顺序、新闻小类是否显示及所属新闻大类等数据项，新闻小类实现效果如图 7-7 所示。

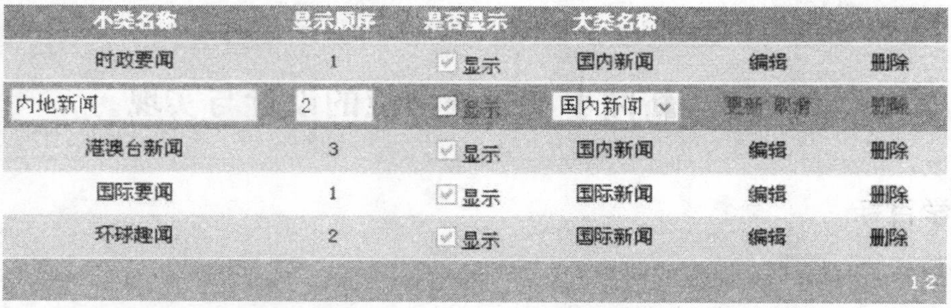

图 7-7　新闻小类实现效果图

正常显示模式下，数据行的小类名称、显示顺序、是否显示这 3 个数据项只需将其值显示出来即可，数据项所属大类在新闻小类表中存储的值是所属的大类 ID，如果想要显示所属的大类名称，则需要在新闻大类和新闻小类两个表中进行连接查询。当单击某数据行的【编辑】按钮时，该行进入编辑模式。处于编辑模式的数据显示在可编辑控件中，小类名称、显示顺序、是否显示等数据项可使用 GridView 控件的 BoundField、CheckBoxField 实现。为方便管理，使用 DropDownList 控件显示所属新闻大类，GridView 控件 TemplateField 列可方便实现根据需要在模板中自定义所绑定数据的显示格式。

 知识链接

一、多表查询

基本查询语句的一般语法格式是：

Select 字段名列表
From 表名或视图名称
Where 查询条件

功能：按照指定的查询条件，从指定的表或视图中查询出指定的字段。From 子句表明从哪个表或视图中获取数据，即提供数据的来源——表名或视图名称。

在实际应用中，数据查询会涉及多个表，这就需要将多个表连接起来进行查询。连接方式可分为交叉连接、内连接、外连接和自连接 4 种。最常用的连接方式是内连接，内连接也称为自然连接，内连接是按指定的连接条件，查询出满足该连接条件的数据行。连接条件通常采用"主键 = 外键"格式。内连接的语法格式有以下两种：

格式一：Select 字段名列表 From 表名 1，表名 2 Where 表名 1. 列名 = 表名 1. 列名
格式二：Select 字段名列表 From 表名 1 ［Inner］ Join 表名 2 On 表名 1. 列名 = 表名 1. 列名

例：从数据库 dbWebNews 中查询国内新闻所包含的新闻小类信息。MainClass 表和 SubClass 表的结构详见项目 2。查询语句为：

select SubClass. * ，MainClass. ClassName from MainClass，SubClass where
MainClass. ClassID = SubClass. ClassID and MainClass. ClassName = '国内新闻'

二、DropDownList 控件

DropDownList 控件（下拉列表框控件）允许用户从多个列表项中选择一项，并且在选择前，用户只能看到选定项和一个下拉按钮，其余的选项先"隐藏"起来，当单击右侧的下拉按钮时才将所有的选项显示出来。

DropDownList 控件常用属性/事件及说明见表 7-15。

表 7-15　DropDownList 控件常用属性/事件及说明

属性/事件	说　　明
AutoPostBack 属性	设置或获取当 DropDownList 控件选定项的值发生改变时，是否自动回发到服务器
DataTextField 属性	设置或获取数据源中提供列表项文本的字段
DataTextFormatString 属性	设置数据源中提供列表项文本字段的格式，例如：{0: d}
DataValueField 属性	设置或获取数据源中提供列表项值的字段
SelectedIndexChanged 事件	在更改 DropDownList 控件选定项索引时触发该事件

DropDownList 控件的 SelectedIndexChanged 事件是当 DropDownList 控件的选定项的值与

发往服务器的信息发生改变时触发的事件。在默认情况下，DropDownList 控件的 AutoPost-Back 属性值为 false，表示当该控件选定项的值发生改变时，不自动回发到服务器从而不触发 SelectedIndexChanged 事件。将 DropDownList 控件的 AutoPostBack 属性设置为 true，当该控件的选定项的值发生改变时，自动触发它的 SelectedIndexChanged 事件。

DropDownList 控件实际上是列表项的容器，列表框都属于 ListItem 类型。ListItem 对象是带有自己属性的单独对象，其常用属性及说明见表 7-16。

表 7-16 ListItem 控件常用属性及说明

属性	说　　明
Text	用于设置或获取列表项中显示的文本
Value	用于设置或获取列表项的值,设置此属性可以将该值与特定的列表项关联而不显示该值
Selected	设置被选中的列表项

三、GridView 控件列模板

GridView 控件 TemplateField 字段类型用于为列中的每一项显示自定义内容，该自定义内容完全由开发人员所定义。

TemplateField 字段可提供不同的模板来定义所显示的内容。TemplateField 字段支持的模板见表 7-17。根据不同的模板，可以在模板容器中选择不同的控件，进行数据绑定设置。

表 7-17 TemplateField 字段支持的模板及说明

模板	说　　明
AlternatingItemTemplate	交替项模板，为 TemplateField 类型字段的交替项设置显示内容
EditItemTemplate	编辑项模板，为 TemplateField 类型字段处于编辑模式中的项设置显示内容
FooterTemplate	脚模板，为 TemplateField 类型字段的脚注部分设置显示内容
HeaderTemplate	头模板，为 TemplateField 类型字段的标头部分设置显示内容
ItemTemplate	项模板，为 TemplateField 类型字段的项设置显示内容

选择【GridView 任务】窗口中的【编辑模板】命令，进入 GridView 控件的模板编辑模式，如图 7-8 所示。

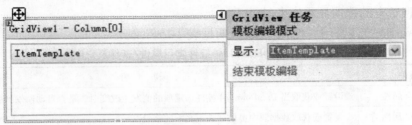

图 7-8 GridView 控件模板编辑模式

默认情况下，GridView 控件模板编辑模式只打开第一个列模板的【ItemTemplate】模板，在该模板中设置处于正常显示模式需要显示的内容，可以添加 Web 服务器控件，并为添加的控件绑定要显示的数据。

单击【GridView 任务模板编辑模式】窗口的下拉列表框可以对列模板的其他类型模板进行编辑。选择添加的模板列，系统将显示如图 7-9 所示的界面。

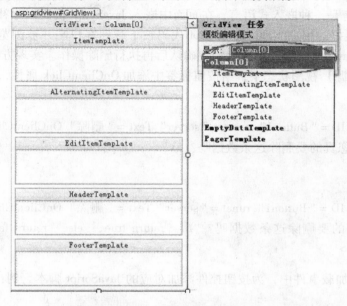

图 7-9 选择添加模板列

单击【GridView 任务】窗口中的【结束模板编辑】命令，可以退出列模板的编辑模式。

四、数据绑定

数据绑定是在程序运行时为包含数据结构的一个或多个窗体设置属性的过程。本次任务讲解常用的数据绑定方法——Eval 方法。

Eval 方法可计算数据绑定控件（如 GridView、DetailsView 和 FormView 控件）的模板中的后期绑定数据表达式。在运行时，Eval 方法调用 DataBinder 对象的 Eval 方法，同时引用命名容器的当前数据项。命名容器通常是包含完整记录的数据绑定控件的最小组成部分，如 GridView 控件中的一行。因此，只能对数据绑定控件的模板内的绑定使用 Eval 方法。

Eval 方法是静态（只读）方法，该方法采用数据字段的值作为参数并将其作为字符串返回，一般用在绑定时需要格式化字符串的情况下。可以使用如下格式绑定数据：

< % # Eval("Name","格式控制")% >

或采用如下格式绑定数据：

< % # DataBinder. Eval("Name","格式控制")% >

参数说明：

➢ Name：表示 Eval 方法返回数据源中的数据字段名称，从数据源的当前记录返回一个包含该字段值的字符串。

➢ 格式控制：用来指定返回字符串的格式，该参数为可选参数。如果被省略，Eval 方法返回对象类型的值。字符串格式控制参数使用为 String 类的 Format 方法定义的语法。例：

● {0:d} 日期只显示年月日。

● {0:yyyy-mm-dd} 以"yyyy-mm-dd"格式显示年月日。

● {0:c} 货币样式。

五、JavaScript 客户端提示确认

JavaScript 语言是一种嵌入式语言，在页面中嵌入 JavaScript 代码以弥补服务器端代码的不足，从而带来良好的用户体现。JavaScript 代码被下载到客户端并被浏览器执行。在本次任务中，借助于 JavaScript 脚本实现经用户确认后再执行删除操作。实现方法有以下两种：

1) 直接在【源】视图状态下，给按钮标签中添加 OnClientClick 属性，以嵌入 JavaScirpt 脚本。例：

```
< asp:Button ID = "Button1" runat = "server" Text = "删除" OnClientClick = "return con-
    firm('您真的要删除这条数据吗？')" > </asp:Button >
```

还可以写为：

```
< asp:Button ID = "Button1" runat = "server" Text = "删除" OnClientClick = "if (confirm
    ('您真的要删除这条数据吗？')) {return true;} else {return false;}" > </asp:
    Button >
```

2) 在页面的加载事件中，为按钮控件添加对应的 JavaScript 脚本。例：

```
if(! Page. IsPostBack)
{
    this. btnDelete. Attributes. Add("onclick", "return confirm('您确认要删除该条数
据？')");
}
```

还可以写为：

```
if(! Page. IsPostBack)
{
    this. btnDelete. Attributes. Add("onclick", "if (confirm('您确认要删除这条数
        据？')) {return true;} else {return false;}");
}
```

任务实施

在 Admin 文件夹下创建名为 SubClass. aspx 的新闻小类管理窗体文件，使用 DIV + CSS 对页面进行布局，实现如图 7-6 所示浏览效果。

一、添加 GridView 控件，并进行属性设置

切换到 SubClass. aspx 文件的【源】视图，添加 div 标签，并在 div 标签中添加 GridView 控件，设置 GridView 控件的 ID 属性为 gvSubClass。

1. 设置列类型，绑定数据

通过 GridView 控件的【字段】窗口手动添加 2 个 BoundField 列（绑定小类名称和小类的显示顺序）、1 个 CheckBoxField 列（绑定小类是否显示）、1 个 TemplateField 列（绑定所

属大类名称）、2 个 CommandField 列（显示编辑和删除按钮），并进行属性设置，见表 7-18。

表 7-18　GridView 控件属性设置

列类型	属性	属性值	说　　明
BoundField	DataField	SubName	设置该列绑定 SubName 字段
	HeaderText	小类名称	设置该列标头显示"小类名称"
	DataField	SubOrder	设置该列绑定 SubOrder 字段
	HeaderText	显示顺序	设置该列标头显示"显示顺序"
CheckBoxField	DataField	SubFlag	设置该列绑定的 SubFlag 字段
	HeaderText	是否显示	设置该列标头显示"是否显示"
	Text	显示	设置该列 CheckBox 控件 Text 属性值为"显示"
TemplateField	HeaderText	大类名称	设置该列标头显示"大类名称"
CommandField	ShowEditButton	true	设置该列是否显示"编辑"按钮
	CausesValidation	false	单击"编辑"按钮时是否激发验证
	ShowDeleteButton	true	设置该列是否显示"删除"按钮

2. 删除列模板

选择 ID 属性为 gvSubClass 的 GridView 控件，单击向右的智能显示标记，选择【Grid-View 任务】对话框中【编辑列…】命令，打开【字段】对话框，单击"将此字段转换为Template Field，将 CommandField 转换 TemplateField，如图 7-10 所示。

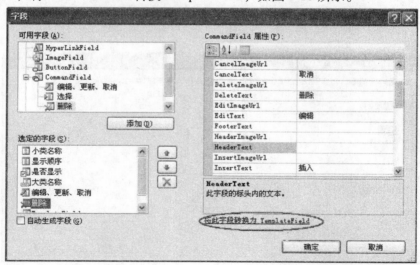

图 7-10　字段对话框

为生成的列模板添加客户端删除确认事件，并进行格式设置，参考代码如下：

```
<asp:TemplateField ShowHeader = "false">
  <ItemTemplate>
    <asp:LinkButton ID = "LinkButton1" runat = "server" Text = "删除"
```

```
        CausesValidation = "false"  CommandName = "Delete"
        OnClientClick = "return confirm('您确认要删除这条数据？')" >
      </asp:LinkButton >
    </ItemTemplate >
    < ItemStyle HorizontalAlign = "Center"  VerticalAlign = "Middle"  Width = "100px" / >
 </asp:TemplateField >
```

3. 编辑列模板

选择 ID 属性为 gvSubClass 的 GridView 控件，单击向右的智能显示标记，选择【Grid-View 任务】对话框中【编辑模板】命令，进入 TemplateField 列的模板编辑窗口。

数据行的正常显示模式只需将所属的大类名称显示出来即可，因此在 ItemTemplate 项模板中添加 Label 控件，并将其 ID 属性设置为 lblClassName，如图 7-11 所示。选择 Label 控件的【Lable 任务】窗口中的【编辑 DataBindings…】命令，在弹出的数据绑定窗口中将 Text 属性的自定义绑定设置为 Eval（"ClassName"），如图 7-12 所示。

图 7-11　ItemTemplate 项模板

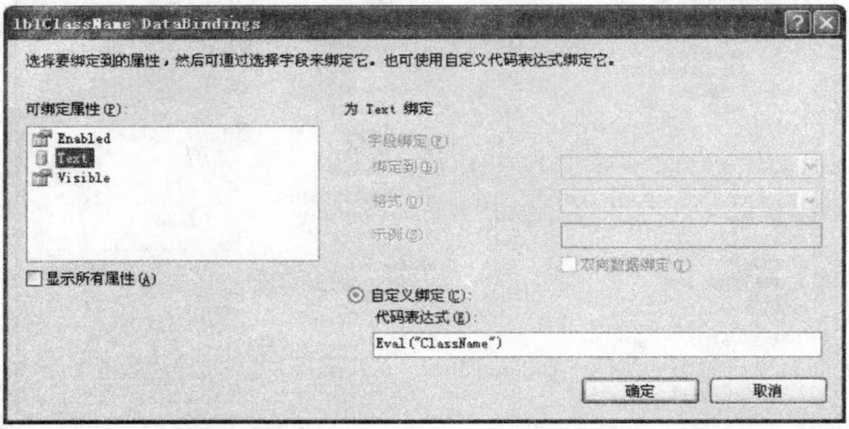

图 7-12　设置 Text 属性的绑定字段

当单击某数据行的"编辑"按钮时，该数据行进入编辑模式，显示 DropDownList 控件，默认选中该数据行对应的所属大类名称列表项，单击其下拉按钮时，显示所有的新闻大类名称。在 EditItemTemplate 编辑项模板中添加一个 DropDownList 控件和一个 HiddenField 控件，控件 ID 属性分别设置为 ddlMainClass、hidClassID，并绑定数据，如图 7-13 所示。

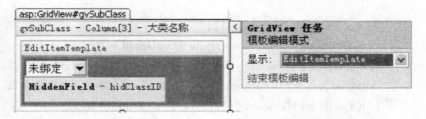

图 7-13 EditItemTemplate 编辑项模板

GridView 控件 TemplateField 列参考代码如下：

```
< asp:TemplateField HeaderText = "大类名称" >
    < EditItemTemplate >
        < asp:DropDownList ID = "ddlMainClass" runat = "server" >
        </asp:DropDownList >
        < asp:HiddenField ID = "hidClassID" runat = "server"
            Value = ' < % # Eval("ClassID") % >'/ >
    </EditItemTemplate >
    < ItemTemplate >
        < asp:Label ID = "lblClassName" runat = "server"
            Text = ' < % # Eval("ClassName") % >' > </asp:Label >
    </ItemTemplate >
    < ItemStyle HorizontalAlign = "Center" VerticalAlign = "Middle" Width = "120px" / >
</asp:TemplateField >
```

二、新闻小类管理功能实现

1. DropDownList 控件数据绑定

单击数据行的【编辑】按钮进入编辑模式时，需要为 DropDownList 控件绑定所有新闻大类数据，且默认选中该数据行对应的所属大类名称列表项，并且需要对 GridView 控件的 RowDataBound 事件编写代码，该事件在数据绑定时触发。为 DropDownList 控件绑定数据时，当前行应为数据行，且处于编辑模式，否则不能识别 DropDownList 控件。参考代码如下：

```
1 protected void gvSubClass _ RowDataBound( object sender, GridViewRowEventArgs e)
2 {
3     if( e. Row. RowType == DataControlRowType. DataRow)
4     {
5     if( e. Row. RowState == DataControlRowState. Edit ||
        e. Row. RowState == ( DataControlRowState. Alternate|DataControlRowState. Edit))
6         {
7             DataSet ds = new DataSet( );
8             string strCmd = " select ClassID, ClassName, ClassOrder from MainClass";
```

```
9          ds = sql. GetDataSet( strCmd );
10         DropDownList ddlMainClass = new DropDownList( );
11         HiddenField hidClassID = new HiddenField( );
12         ddlMainClass = ( DropDownList )e. Row. FindControl( "ddlMainClass" );
13         hidClassID = ( HiddenField )e. Row. FindControl( "hidClassID" );
14         ddlMainClass. DataSource = ds;
15         ddlMainClass. DataTextField = "ClassName";
16         ddlMainClass. DataValueField = "ClassID";
17         ddlMainClass. DataBind( );
18         ddlMainClass. SelectedValue = hidClassID. Value. ToString ( );
19     }
20   }
21 }
```

代码功能描述：

第 3 行：判断当前行是否为数据行。

第 5 行：判断当前行是否处于编辑模式，或处于交替行的编辑模式。

第 10 行：定义 DropDownList 对象。

第 11 行：定义 HiddenField 对象。

第 12 行：在当前行查找 ID 为 ddlMainClass 的控件，并将找到的控件强制类型转换为 DropDownList 控件，保存到已定义的 ID 为 ddlMainClass 的下拉列表框对象中。其中，Find-Control（"对象 ID 标志"）方法用于在当前命名容器中查找指定 ID 标志的控件。

第 13 行：在当前行查找 ID 为 hidClassID 的控件，并将找到的控件强制类型转换为 HiddenField 控件，保存到定义的 HiddenField 对象中。

第 14 行：指定 ID 为 ddlMainClass 的 DropDownList 控件的数据源。

第 15 行：设置 ID 为 ddlMainClass 的 DropDownList 控件的列表项文本字段。

第 16 行：设置 ID 为 ddlMainClass 的 DropDownList 控件的列表项值字段。

第 17 行：执行数据绑定。

第 18 行：设置 ID 为 ddlMainClass 的 DropDownList 控件的选定项。

2. 删除数据功能实现

为 GirdView 控件添加 RowDeleting 事件，响应单击【删除】按钮事件，以实现数据删除功能，具体实现可参考任务 2。

3. 数据更新功能实现

为 GirdView 控件添加 RowEditing 事件、RowCancelingEdit 事件和 RowUpdating 事件，响应【编辑】按钮、【取消】按钮和【更新】按钮对应事件，以实现数据编辑功能。与任务 2 不同之处是：使用 FindControl 方法获取 EditItemTemplate 编辑项模板中的 DropDownList 控件，并获取该控件修改后的数据，具体实现参考任务 2。RowEditing 事件关键参考代码如下：

```
DropDownList ddlMainClass = new DropDownList( );
```

```
int ClassID;
ddlMainClass = (DropDownList)gvSubClass. Rows[e. RowIndex]. Cells[3]. FindControl
    ("ddlMainClass");
ClassID = int. Parse(ddlMainClass. SelectedValue. ToString());
```

 思考与练习

1. 使用 GridView 控件实现新闻小类数据分页功能。

2. 参考图 7-6，实现新闻小类的添加功能。

3. 完善新闻小类管理功能，以实现只有合法登录且具有新闻小类管理权限的管理员才可以执行新闻小类管理的功能。

项目 8　新闻管理模块的设计与实现

新闻是新闻发布系统的重要组成部分，具有信息量大，信息类别复杂等特点。管理员成功登录系统后，可以实现对新闻的管理功能。本项目将介绍新闻发布（即添加新闻）、新闻管理（即新闻修改和新闻删除）等功能的设计思路及实现方法。

本项目涉及的知识点：在线文本编辑器的使用、DetailsView 控件。

任务 1　新闻发布功能的设计与实现

 教学目标

◆掌握在线文本编辑器的配置方法。

◆熟悉 DropDownList 控件的使用方法。

◆理清新闻发布功能设计思路，设计并实现新闻发布功能。

 任务描述

新闻是新闻发布系统的重要组成部分，本次任务将实现新闻数据的添加功能，即新闻发布功能，添加新闻效果图如图 8-1 所示。

新闻发布即向后台数据库的 News 表中写入新闻标题、新闻内容、新闻发布时间、是否图片新闻、是否重要新闻、是否显示、新闻所属小类编号等数据。页面加载成功后，首先需要选择该新闻所属的新闻大类，当选中合法新闻大类后，在新闻小类对应的下拉列表框中将显示此新闻大类包含的新闻小类，再选中合法新闻小类，并输入新闻其他信息，便可执行新闻添加操作。实现效果参考图 8-1。

通过分析得知新闻内容不仅包含大量的文本信息，还有可能包含一张或多张图片，甚至包含 Flash 动画。Web 服务器控件 TextBox 只能实现文本信息的输入，要录入复杂多样的信息，可以通过在线文本编辑器来实现。当新闻大类发生改变时，关联的新闻小类也需发生改变，下拉列表框的关联操作需要借助 AJAX 技术实现。

 知识链接

一、下载工具包

CKEditor 是一个功能强大的支持所见即所得的文本编辑器，和 CKFinder 一起实现文件浏览及上传功能。本书以 ckeditor _ aspnet _ 3. 6. 2 和 ckfinder _ aspnet _ 2. 1 工具包为例讲述在线文本编辑器的使用，两工具包均可由官网下载。

二、配置文本编辑器

CKEditor + CKFinder 虽然功能非常强大，但集成起来却比较麻烦，而且根据应用还需要对其改造。下面简单介绍一下 CKEditor 和 CKFinder 配置方法。

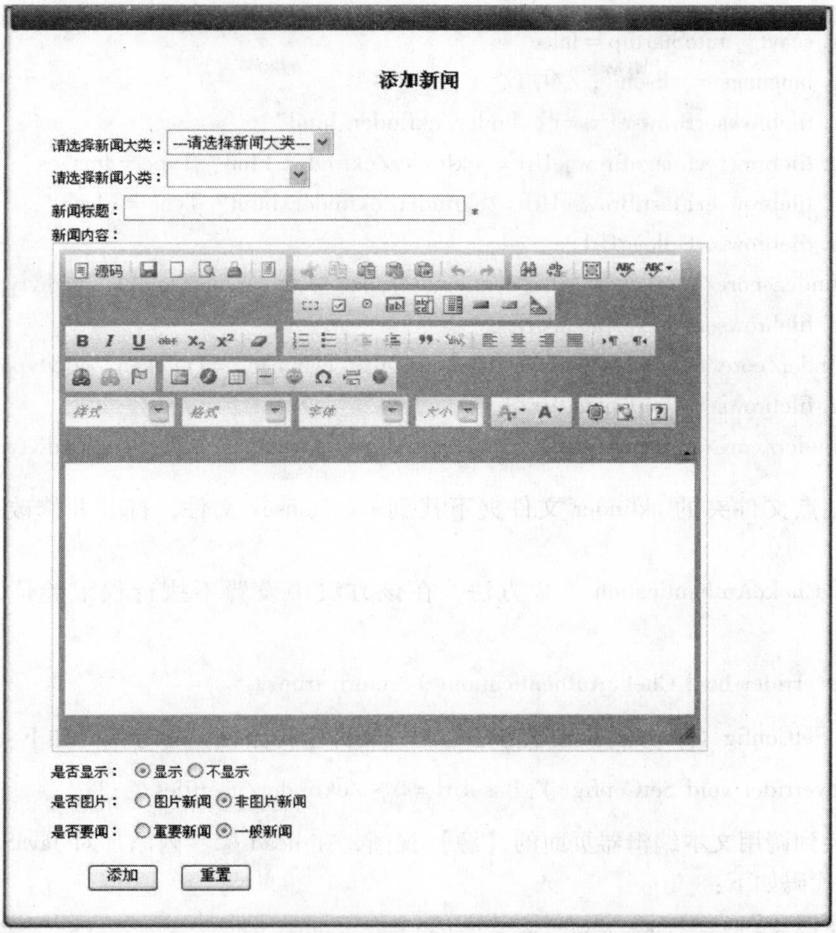

图 8-1　添加新闻效果图

1）解压 ckeditor_aspnet_3.6.2 压缩包，打开_Samples 文件夹，将该文件夹下的 ckeditor 文件夹复制到项目的根目录下。

2）解压 ckfinder_aspnet_2.1 压缩包，将 ckfinder 文件夹复制到项目的根目录下，并删除 ckfinder 文件夹下的_sample、_source、help 文件夹。

3）在站点中添加对两个外部控件的引用。

在站点根目录节点上单击右键，选择弹出快捷菜单中的【添加引用】命令，在打开的【添加引用】窗口中选择【浏览】选项卡，分别找到 ckeditor\bin\Release 中的 CKEditor.NET.dll 文件和 ckfinder\bin\Release 中的 CKFinder.dll 文件，添加对两个外部组件的引用。

4）打开站点文件夹的 ckeditor 文件夹下 config.js 文件，找到 CKEDITOR.editorCongig = function（config）方法，在该方法中设置文本编辑器的背景颜色、是否进行拼写检查、字符集、目标浏览地址等信息。参考代码如下：

```
1 config.uiColor = '#F7F8F9'
```

```
2 config. scayt _ autoStartup = false
3 config. language = 'zh-cn'; //中文
4 config. filebrowserBrowseUrl = 'ckfinder/ckfinder. html';
5 config. filebrowserImageBrowseUrl = 'ckfinder/ckfinder. html? Type = Images';
6 config. filebrowserFlashBrowseUrl = 'ckfinder/ckfinder. html? Type = Flash';
7 config. filebrowserUploadUrl =
    'ckfinder/core/connector/aspx/connector. aspx? command = QuickUpload&type = Files';
8 config. filebrowserImageUploadUrl =
    'ckfinder/core/connector/aspx/connector. aspx? command = QuickUpload&type = Images';
9 config. filebrowserFlashUploadUrl =
    'ckfinder/core/connector/aspx/connector. aspx? command = QuickUpload&type = Flash';
```

5）在站点文件夹的 ckfinder 文件夹下找到 config. ascx 文件，打开并修改，修改如下所示：

➤ 找到 ChekcAuthentication（）方法，在该方法中设置不执行权限验证，参考代码如下：

```
public overrider bool ChekcAuthentication( ) { return true; }
```

➤ 找到 SetConfig（）方法，在该方法中配置文件上传路径，参考代码如下：

```
public overrider void SetConfig( ) { BaseUrl = " ~ /ckfinder/userfiles/"; }
```

6）切换到调用文本编辑器页面的【源】视图，在 head 标签内添加对 JavaScript 脚本的引用，参考代码如下：

```
< script type = "text/javascript" src = "ckeditor/ckeditor. js" > </script >
< script type = "text/javascript" src = "ckfinder/ckfinder. js" > </script >
```

如果有母版页，需要将上述代码写在母版页中。

7）若要像使用 Web 服务器控件一样使用文本编辑器，需将文本编辑器导入到工具箱中。在工具箱的任一选项卡下单击右键，在弹出的快捷菜单中选择【选择项】命令，弹出【选择工具箱项】窗口，如图 8-2 所示。

单击【浏览】按钮，在站点应用程序的 Bin 文件夹中找到 CKEditor. NET. dll 文件，依次单击【打开】、【确定】按钮，CKEditor 控件（KEditor Control）便添加到工具箱中，如图 8-3 所示。这时，就可以像使用 Web 服务器控件一样使用 CKEditor 控件了。

8）若需要将文本编辑器中的内容写入数据库，需要在调用文本编辑器控件的页面中添加代码。找到页面开始的 @ Page 指令，在该指令中添加 ValidateRequest = "false" 属性。

9）可以通过 CKEditor 控件的属性窗口来设置该控件的属性；通过 CKEditor 控件的 Text 属性来获取该控件的值。

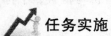 **任务实施**

在 Admin 文件夹下创建名为 AddNews. aspx 的新闻发布窗体文件，使用 DIV + CSS 对页

面进行布局, 实现如图 8-1 所示浏览效果。

图 8-2 选择工具箱项

图 8-3 工具箱

一、添加控件, 并进行属性设置

1) 切换到 AddNews. aspx 文件的【源】视图, 添加两个 DropDownList 控件、一个 Text-Box 控件、一个在线文本编辑器、三个 RadioButtonList 控件和两个按钮控件, 并对各控件进行属性设置。控件属性设置见表 8-1。

表 8-1 新闻发布功能控件属性设置

控件类型	控件 ID	属性名称	属性值
DropDownList	ddlMainClass	Width	140px
		AutoPostBack	true
	ddlSubClass	Width	120px
TextBox	txtTitle	Width	280px

（续）

控件类型	控件 ID	属性名称	属性值
CKEditorControl	txtContent	Width	550px
RadioButtonList	rblDisp	RepeatDirection	Horizontal
		RepeatLayout	Flow
	rblImage	RepeatDirection	Horizontal
		RepeatLayout	Flow
	rblImport	RepeatDirection	Horizontal
		RepeatLayout	Flow
Button	butAdd	Text	添加
		Width	60px
	butReset	Text	重置
		Width	60px

2）新添加的新闻数据必须进行合法性验证。添加一个必须验证控件要求必须录入新闻标题，并对验证控件设置属性，见表 8-2。

表 8-2　验证控件属性设置

控件类型	控件 ID	属性名称	属性值
RequiredFieldValidator	rfvTitle	ControlToValidate	txtTitle
		Display	Dynamic
		ErrorMessage	新闻标题不能为空!!

二、实现新闻发布功能
1. 新闻大类数据绑定

在页面加载事件中添加代码，实现将新闻大类名称及大类编号绑定到 ID 为 ddlMainClass 的下拉列表框。参考代码如下：

```
protected void Page _ Load( object sender, EventArgs e)
{
    if ( ! Page. IsPostBack)
    {
        ddlMainBind( );
    }
}
```

其中，ddlMainBind（）方法实现绑定新闻大类的功能，参考代码如下：

```
1 protected void ddlMainBind( )
2 {
3      string strCmd;
```

```
4        strCmd = "select ClassID,ClassName from MainClass";
5        DataSet ds = new DataSet();
6        ds = sql. GetDataSet(strCmd);
7        ddlMainClass. DataSource = ds;
8        ddlMainClass. DataTextField = "ClassName";
9        ddlMainClass. DataValueField = "ClassID";
10       ddlMainClass. DataBind();
11       ddlMainClass. Items. RemoveAt(0);
12       ddlMainClass. Items. Insert(0, "---请选择新闻大类---");
13  }
```

代码功能描述：

第 11 行：移除下拉列表框的第一个列表项。在数据存储时，将"首页"作为新闻大类的第一项写入新闻大类表中，该项没有对应的新闻小类。在执行数据绑定时，可以将其从下拉列表项中移除。

第 12 行：为下拉列表框插入第一个列表项，其值为"－－－请选择新闻大类－－－"。

2. 新闻小类数据绑定

当选定某一合法的新闻大类时，将其对应的新闻小类绑定到 ID 为 ddlSubClass 的下拉列表框中，即为 ID 为 ddlMainClass 的下拉列表框添加 SelectedIndexChanged 事件，实现绑定新闻大类对应新闻小类功能。参考代码如下：

```
protected void ddlMainClass _ SelectedIndexChanged(object sender, EventArgs e)
{
    int ClassID = int. Parse(ddlMainClass. SelectedValue. ToString());
    ddlSubBind(ClassID);
}
```

其中，ddlSubBind（ClassID）实现绑定某新闻大类包含的新闻小类的功能，参考代码如下：

```
protected void ddlSubBind(int ClassID)
{
    string strCmd;
    strCmd = "select SubID,SubName from SubClass where ClassID = " + ClassID;
    DataSet ds = new DataSet();
    ds = sql. GetDataSet(strCmd);
    ddlSubClass. DataSource = ds;
    ddlSubClass. DataTextField = "SubName";
    ddlSubClass. DataValueField = "SubID";
    ddlSubClass. DataBind();
}
```

3. 实现添加功能

切换到 AddNews. aspx 文件的【设计】视图，双击 ID 为 butAdd 的按钮为其添加 Click 事件，实现新闻信息写入功能。参考代码如下：

```
protected void butAdd _ Click( object sender, EventArgs e)
{
    int SubID, DispFlag, ImageFlag, ImportFlag, intFlag = 0;
    string strTitle, strContent;
    string strCmd = "";
    if ( Page. IsValid)
    {
        SubID = int. Parse( ddlSubClass. SelectedValue. ToString( ));
        strTitle = txtTitle. Text. ToString( );
        strContent = txtContent. Text. ToString( );
        DispFlag = int. Parse( rblDisp. SelectedValue. ToString( ));
        ImageFlag = int. Parse( rblImage. SelectedValue. ToString( ));
        ImportFlag = int. Parse( rblImport. SelectedValue. ToString( ));
        strCmd = "insert into News ( SubID, NewsTitle, NewsContent, ImageFlag, NewsFlag,
            ImportantFlag) values(" + SubID + ",'" + strTitle + "','" + strContent + "'," +
            ImageFlag + "," + DispFlag + "," + ImportFlag + ")";
        intFlag = sql. GetAffectedLine( strCmd);
        if ( intFlag > 0)
        {
            Page. ClientScript. RegisterStartupScript( this. GetType( ), "Warning",
                " < script language = javascript > alert('成功写入新闻! ') </script >");
        }
        else
        {
            Page. ClientScript. RegisterStartupScript( this. GetType( ), "Warning",
                " < script language = javascript > alert('新闻写入失败!! ') </script >");
        }
    }
}
```

4. 实现重置功能

在【设计】视图，双击 ID 为 butReset 的按钮，为其添加 Click 事件，参考代码如下：

```
protected void butReset _ Click( object sender, EventArgs e)
{
    ddlMainBind( );
```

```
        ddlSubClass. Items. Clear( ) ;
        txtTitle. Text = " " ;
        txtContent. Text = " " ;
    }
```

 思考与练习

1. 简单描述文本编辑器的使用方法。
2. 使用文本编辑器实现新闻发布功能。

任务 2　新闻管理功能的设计与实现

 教学目标

◆了解 DetailsView 控件的功能。
◆掌握 DetailsView 控件的常用属性及事件。
◆掌握 DetailsView 控件 BoundField 字段的使用方法。
◆掌握 DetailsView 控件 TemplateField 字段的使用方法。
◆掌握 DetailsView 控件分页功能的实现方法。
◆学会使用 DetailsView 控件实现数据管理功能。

 任务描述

新闻管理功能实现了新闻数据分页浏览、更新、删除等操作,新闻管理页面效果图如图 8-4 所示。

新闻表对应于后台数据库 News 表,新闻管理即为对新闻表的管理。新闻管理页面实现如下功能:

➤ 将表中数据以分页的形式显示在页面上。图 8-4 是数据只读模式显示的效果,在只读模式下,只需将数据正常显示。单击分页导航中的页码,实现分页浏览新闻。

➤ 删除表中数据。当单击【删除】按钮时,执行删除当前页面显示新闻。

➤ 编辑表中数据。当单击【编辑】按钮时,页面进入编辑模式,数据在可编辑控件中显示,如图 8-5 所示。管理员可以对处于编辑模式的数据执行编辑操作,编辑完成后单击【更新】按钮,将更新后的数据保存到数据库中,同时退出编辑模式,返回操作页面并显示编辑后的数据;若想撤消对数据的编辑,单击【取消】按钮,即可退出编辑模式,返回操作页面并显示编辑前的数据。

分析需求可知,新闻内容中数据格式多样,涉及缩进、小标题、字体格式设置等;数据形式多样,新闻内容中可能包含文本、图片、视频等;数据信息量大,往往不是几十个字,而是若干个段落组成。为方便管理、易操作,新闻所属类别、是否图片新闻等信息通过选择实现。

为了实现上面描述的功能,在设计时使用了数据绑定控件 DetailsView 控件。DetailsView 控件不仅能以表格的形式显示数据,还可以实现数据的添加、修改、删除等一系列强大的功能。

图 8-4　新闻管理页面效果图

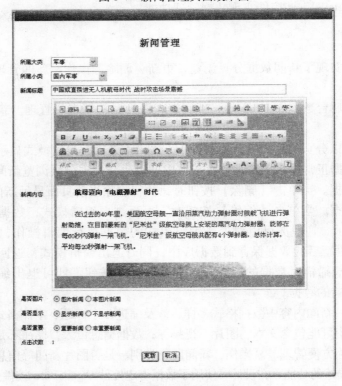

图 8-5　编辑模式的数据行

知识链接

一、DetailsView 控件简介

DetailsView 控件是常用的数据绑定控件之一，可以绑定任何类型的数据源，主要用于显示、处理来自数据源的以垂直方式显示的单条数据。通过该控件，可以从所关联的数据源中以表格形式一次呈现一条记录，并提供分页以及插入、更新和删除记录的功能。通常，DetailsView 控件用在主/详细方案中。在这种方案中，选取主控件（如 GridView 控件）中的某条记录，然后在 DetailsView 控件中详细显示这条记录。DetailsView 控件显示内容包含两列，一列显示数据源的字段名，另一列显示数据源字段对应的字段值。

二、DetailsView 控件的常用属性

DetailsView 控件提供的常用属性及说明见表 8-3。

表 8-3　DetailsView 控件提供的常用属性及说明

属性	说　　　明
AllowPaging	获取或设置一个值，该值指示是否启用分页功能
AutoGenerateDeleteButton	获取或设置一个布尔值，该值指示用来删除当前记录的内置控件是否在 DetailsView 控件中显示
AutoGenerateEditButton	获取或设置一个布尔值，该值指示用来编辑当前记录的内置控件是否在 DetailsView 控件中显示
AutoGenerateInsertButton	获取或设置一个布尔值，该值指示用来插入新记录的内置控件是否在 DetailsView 控件中显示
AutoGenerateRows	获取或设置一个布尔值，该值指示程序运行时是否基于关联的数据源自动生成行字段
CurrentMode	获取 DetailsView 控件的当前数据输入模式
DataKey	获取 DetailsView 控件所显示记录的主键
DataKeyNames	获取 DetailsView 控件所显示记录的主键的字段名称
DataSource	获取或设置 DetailsView 控件的数据源
DefaultMode	获取或设置 DetailsView 控件默认显示模式
GridLines	设置 DetailsView 控件单元格之间的网格线
HorizontalAlign	设置 DetailsView 控件的水平对齐方式
ID	获取或设置 DetailsView 控件 ID 标志
PageCount	返回控件所绑定数据源中的总数据项数
PageIndex	返回控件中当前显示记录的基于 0 的索引
PageSetting	获取对 PageSettings 对象的引用，该对象允许设置 DetailsView 控件中的分页导航按钮的属性
Rows	获取表示 DetailsView 控件中数据行的 DetailsViewRow 对象的集合
State	获取与 DetailsView 控件绑定的数据库的当前连接状态，有打开或关闭两种状态，默认为关闭状态

AllowPaging 获取或设置一个值，该值指示是否启用分页功能。如果启用分页功能，则

为 true，否则为 false，默认为 false。

AutoGenerateRows 属性的值是一个布尔型的数据，true 表示程序运行时基于关联的数据源自动生成行字段，每个字段以文本形式按其出现在数据源中的顺序显示在一行中；值为 false 表示运行时基于关联的数据源不会自动生成行字段；默认值为 true。

DataKeyNames 属性指定一个以逗号分隔的字段名称列表，这些字段名称表示数据源的主键。当设置了 DataKeyNames 属性时，DetailsView 控件自动创建表示当前记录的键字段的 DataKey 对象，并将其存储在 DataKey 属性中。

DefaultMode 属性获取或设置 DetailsView 控件默认显示模式。该属性有 3 个属性值，分别是：ReaderOnly、Insert 和 Edit。可以控制 DetailsView 控件的显示模式，默认值为 Details-ViewMode. ReaderOnly。三种模式如下：

 ➢ DetailsViewMode. ReaderOnly：只读模式，用户可以浏览数据源中的数据。
 ➢ DetailsViewMode. Edit：编辑模式，用户可以编辑当前数据行，实现数据更新功能。
 ➢ DetailsViewMode. Insert：插入模式，用户可以向数据源中插入新数据。

Rows 属性（集合）用来存储 DetailsView 控件中的数据行，获取表示 DetailsView 控件中数据行的 DetailsViewRow 对象的集合。DetailsView 控件自动填充 Rows 集合，方法是为数据源中的每条记录创建一个 DetailsViewRow 对象，然后将这些对象添加到该集合。此属性通常用于访问控件中的特定行或者循环访问整个行集合。Rows 集合中只存储数据行，不包括标题行、脚注行和分页导航行。

三、DetailsView 控件的样式和模板

DetailsView 控件提供 10 种样式设置，分别对数据行、交替数据行、编辑模式数据行、分页导航行、脚注行、标头行等进行样式设置，如图 8-6 所示。

AlternatingRowStyle 对 DetailsView 控件中的交替数据行进行样式设置；RowStyle 对 DetailsView 控件中的数据行进行样式设置；EditRowStyle 对 DetailsView 控件处于编辑模式的数据行进行样式设置；PagerStyle 对 DetailsView 控件的分页导航行进行样式设置等。

图 8-6　DetailsView 控件样式设置

DetailsView 控件为不同操作和不同类型的数据行提供了不同的模板，在各个模板中，可以自定义所显示行的内容和布局。DetailsView 控件提供的模板及说明见表 8-4。

表 8-4　DetailsView 控件提供的模板及说明

模板名称	说　　明
AlternatingItemTemplate	获取或设置当 DetailsView 控件绑定数据源时所呈现的交替数据行的用户自定义内容
EditItemTemplate	获取或设置当 DetailsView 控件绑定数据源处于编辑模式时数据行所显示的用户自定义内容
EmptyDataTemplate	获取或设置当 DetailsView 控件绑定到不包含任何记录的数据源时所呈现的空数据行的用户自定义内容

（续）

模板名称	说　　明
FooterTemplate	获取或设置 DetailsView 控件中脚注行的用户自定义内容
HeaderTemplate	获取或设置 DetailsView 控件中标题行的用户自定义内容
InsertItemTemplate	获取或设置当 DetailsView 控件绑定的数据源处于插入模式时，数据行所显示的用户自定义内容
ItemTemplate	获取或设置当 DetailsView 控件绑定数据源时所呈现的数据行的用户自定义内容
PagerTemplate	获取或设置 DetailsView 控件中分页导航行的自定义内容

四、DetailsView 控件常用事件/方法

DetailsView 控件常用事件/方法及说明见表 8-5。

表 8-5　DetailsView 控件常用事件/方法及说明

事件/方法	说　　明
ChangeMode 方法	将 DetailsView 控件切换为指定模式
DeleteItem 方法	实现 DetailsView 控件从数据源中删除当前记录
InsertItem 方法	实现 DetailsView 控件将当前记录插入到数据源中
UpdateItem 方法	实现 DetailsView 控件更新数据源中当前记录
DataBind 方法	将来自数据源的数据绑定到控件
ItemDeleted/ItemDeleting 事件	这两个事件在 DetailsView 控件删除当前记录时发生，分别发生于记录被删除之后和之前
ItemInserted/ItemInserting 事件	这两个事件在 DetailsView 控件插入一条新记录时发生，分别发生于插入操作之后和之前
ItemUpdated/ItemUpdating 事件	这两个事件在 DetailsView 控件更新当前记录时发生，分别发生于更新记录之后和之前
ModeChanged/ModeChanging 事件	这两个事件在 DetailsView 控件切换到不同的显示模式时，分别发生于该模式改变之后和之前

若要启用编辑操作，可将 AutoGenerateEditButton 属性设置为 true。除了呈现数据字段外，DetailsView 控件还将呈现一个【编辑】按钮。若单击【编辑】按钮，可使 DetailsView 控件进入编辑模式，【编辑】按钮被【更新】、【取消】两个按钮替换，如图 8-5 所示。在此模式下，DetailsView 控件的 CurrentMode 属性值会从 ReadOnly 更改为 Edit，并且该控件每个字段的值都会呈现在可编辑控件中，如文本框或复选框等。

五、DetailsView 控件的可视化设置

将 DetailsView 控件添加到指定页面，选中 DetailsView 控件，单击该控件右上方的智能显示标记，打开【DetailsView 任务】窗口，如图 8-7 所示。

➢ 选择【自动套用格式...】命令，打开【自动套用格式】窗口，通过该窗口可以对 DetailsView 控件套用系统已设计好的格式。

➢ 选择【选择数据源:】命令，可以手动设置 DetailsView 控件的数据源。

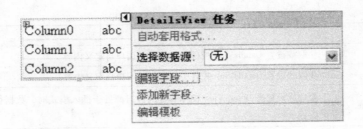

图 8-7　【DetailsView 任务】窗口

➢ 选择【编辑字段...】命令，打开【字段】窗口，如图 8-8 所示。

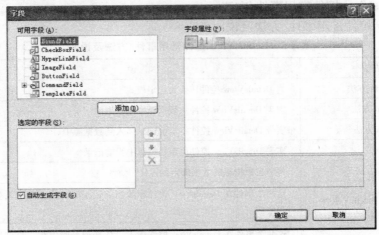

图 8-8　DetailsView 控件【字段】窗口

对图 8-8 所示的【字段】窗口进行以下说明：

1）默认情况下该窗口左下方的【自动生成字段（G）】前的复选框是选中状态。这表明，DetailsView 控件默认基于关联的数据源自动生成行字段，并在该控件中显示字段的值。

2）该窗口左上方的【可用字段（A）:】列表中显示了 DetailsView 控件支持的绑定字段类型，有 BoundField、CheckBoxField、HyperLinkField、ImageField、ButtonField、Command-Field、TemplateField 七种类型。例如选择 HyperLinkField 类型的字段，绑定数据源并设置字段属性后，字段的值会以超链接的形式显示出来。因此，应根据数据不同的显示效果选择不同类型的字段。

DetailsView 控件支持对数据源进行添加、删除、修改等操作。如对显示的数据进行修改操作，默认情况下，控件会将所显示的数据显示在文本框中，以便用户执行修改操作。选择 TemplateField 字段类型，用户可以根据需要，自行设计、添加控件，实现 DetailsView 控件不同状态的数据操作。

3）选择某种类型的可用字段，单击【添加（D）】按钮，在下方的【选定的字段（S）:】列表中显示该类型为选定字段。选中该选定字段，在右侧的属性列表中便显示了可设置的属性。例如添加一个 BoundField 字段到【选定的字段（S）:】列表中，选中添加的

BoundField 字段，则右侧的【BoundField 属性（P）：】列表中便显示该字段可设置的属性，如图 8-9 所示。

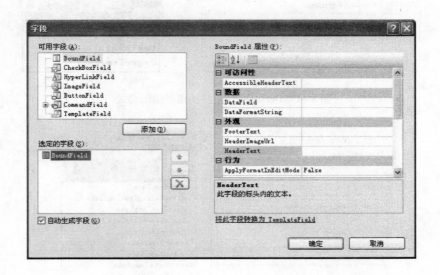

图 8-9　选定字段属性窗口

　　若存在多个选定的字段，可以选中某一个字段后，通过 ⬆、⬇ 按钮实现向上、向下移动该字段的位置，执行 ⊠ 按钮将删除选中字段。

　　➤ 选择【DetailsView 任务】窗口中的【添加新字段…】命令，打开【添加字段】窗口，如图 8-10 所示。通过该窗口同样可以添加 BoundField、 CheckBoxField、 HyperLinkField、 ImageField、 ButtonField、 CommandField、 TemplateField 七种类型的字段，并设置字段的页眉文本和要绑定的数据字段，还可以设置字段是否为只读属性。

　　➤ 选择【DetailsView 任务】窗口中的【编辑模板】命令，进入 DetailsView 控件的模板编辑模式，如图 8-11 所示。

　　在没有添加模板列的情况下，只能对 DetailsView 控件进行 FooterTemplate、HeaderTemplate、EmptyDataTemplate、PagerTemplate 四个模板的设置。图 8-11 显示的是对 FooterTemplate 模板的设置。若在 DetailsView 控件中添加了 TemplateField 字段类型，该控件除了可对以上四个

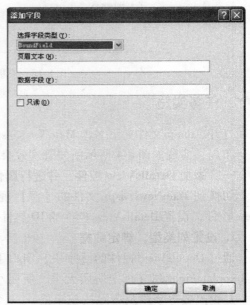

图 8-10　【添加字段】窗口

模板进行设置外，还可对添加的 TemplateField 字段进行设置，如图 8-12 所示。

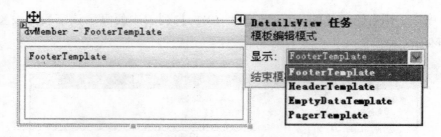

图 8-11　DetailsView 控件的模板编辑模式

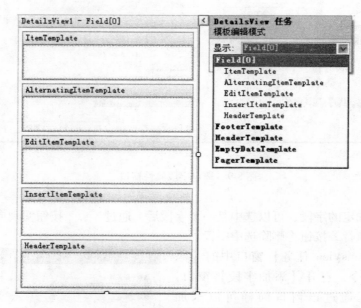

图 8-12　模板字段模板编辑模式

任务实施

打开 Admin 文件夹下名为 MainNews. aspx 的新闻管理窗体文件，使用 DIV + CSS 对页面进行布局，实现如图 8-4 所示新闻管理效果。

一、添加 DetailsView 控件，并进行属性设置

切换到 MainNews. aspx 文件的【源】视图，添加 div 标签，并在 div 标签中添加 Details-View 控件，设置 DetailsView 控件的 ID 属性为 dvNews。

1. 设置列类型，绑定数据

通过 DetailsView 控件的【字段】窗口手动添加 1 个 BoundField 列（绑定点击次数）、8 个 TemplateField 列（绑定所属大类、所属小类、新闻标题、新闻内容、是否图片、是否显示、是否重要等字段及删除按钮字段）、1 个 CommandField 列（显示编辑按钮字段），并进行属性设置。属性设置见表8-6。

2. 编辑模板

打开 ID 属性为 dvNews 的 DetailsView 控件的任务窗口，选择【编辑模板】命令，进入该控件的模板编辑模式。选中"所属大类"模板字段，在【ItemTemplate】模板中添加 1 个

Label 控件，用于在只读模式下，将绑定数据显示出来；在【EditItemTemplate】模板中添加 1 个 DropDownList 控件和 1 个 HiddenField 控件，在编辑模式下，DropDownList 控件提供可选择的大类名称及对应 ID，HiddenField 控件保存初始数据所属大类 ID，如图 8-13 所示。

表 8-6　DetailsView 控件属性设置

列类型	属性	属性值	说　明
BoundField	DataField	HitNum	设置该列绑定 HitNum 字段
	HeaderText	点击次数	设置该字段标头显示"点击次数"
	ReadOnly	true	设置该字段为只读字段
TemplateField	HeaderText	所属大类	设置该字段标头显示"所属大类"
	HeaderText	所属小类	设置该字段标头显示"所属小类"
	HeaderText	新闻标题	设置该字段标头显示"新闻标题"
	HeaderText	新闻内容	设置该字段标头显示"新闻内容"
	HeaderText	是否图片	设置该字段标头显示"是否图片"
	HeaderText	是否显示	设置该字段标头显示"是否显示"
	HeaderText	是否重要	设置该字段标头显示"是否重要"
	ShowHeader	true	设置字段显示标头
CommandField	ButtonType	Button	设置该字段显示的按钮类型
	ShowEditButton	true	设置该字段是否显示编辑按钮

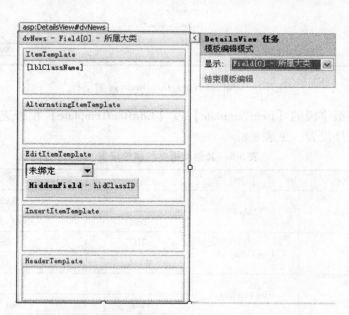

图 8-13　"所属大类"模板字段

设置添加的 Label 控件、DropDownList 控件和 HiddenField 控件的属性。属性设置见表 8-7。

打开【ItemTemplate】模板中 ID 属性为 lblClassName 的 Label 控件的任务窗口，选择【编辑 DataBindings…】命令，在打开的【lblClassName DataBindings】对话框中为其 Text 属

性设置绑定表达式，如图 8-14 所示。

表 8-7 "所属大类"模板属性设置

模板字段	模板名称	控件	属性	属性值
所属大类	ItemTemplate	Label	ID	lblClassName
			Text	Eval("ClassName")
	EditItemTemplate	DropDownList	ID	ddlClassName
			AutoPostBack	true
			Width	100px
		HiddenField	ID	hidClassID
			Value	Eval("ClassID")

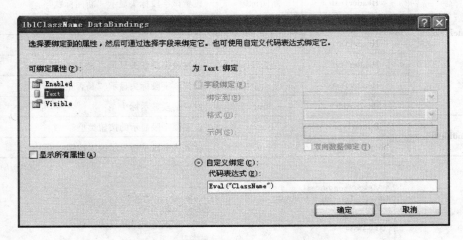

图 8-14　lblClassName DataBindings 对话框

依次对其他模板字段的【ItemTemplate】及【EditItemTemplate】模板进行编辑，添加适当控件，并进行属性设置，见表 8-8。

表 8-8　其他模板字段属性设置

模板字段	模板名称	控件	属性	属　性　值
所属小类	ItemTemplate	Label	ID	lblSubName
			Text	Eval("SubName")
	EditItemTemplate	DropDownList	ID	ddlSubName
			Width	120px
		HiddenField	ID	hidSubID
			Value	Eval("SubID")
新闻标题	ItemTemplate	Label	ID	lblNewsTitle
			Text	Eval("NewsTitle")
	EditItemTemplate	TextBox	ID	txtNewsTitle
			Text	Eval("NewsTitle")
			Width	500px

（续）

模板字段	模板名称	控件	属性	属 性 值
新闻内容	ItemTemplate	Label	ID	lblNewsContent
			Text	Eval("NewsContent")
	EditItemTemplate	CKEditorControl	ID	txtNewsContent
			Text	Eval("NewsContent")
			Width	550px
是否图片	ItemTemplate	RadioButtonList	ID	radItemImage
			RepeatDirection	Horizontal
			RepeatLayout	Flow
			SelectedValue	Eval("ImageFlag")
	EditItemTemplate	RadioButtonList	ID	radImageFlag
			RepeatDirection	Horizontal
			RepeatLayout	Flow
			SelectedValue	Eval("ImageFlag")
是否显示	ItemTemplate	RadioButtonList	ID	radItemNews
			RepeatDirection	Horizontal
			RepeatLayout	Flow
			SelectedValue	Eval("NewsFlag")
	EditItemTemplate	RadioButtonList	ID	radNewsFlag
			RepeatDirection	Horizontal
			RepeatLayout	Flow
			SelectedValue	Eval("NewsFlag")
是否重要	ItemTemplate	RadioButtonList	ID	radItemImportant
			RepeatDirection	Horizontal
			RepeatLayout	Flow
			SelectedValue	Eval("ImportantFlag")
	EditItemTemplate	RadioButtonList	ID	radImportantFlag
			RepeatDirection	Horizontal
			RepeatLayout	Flow
			SelectedValue	Eval("ImportantFlag")
删除字段	ItemTemplate	Button	ID	btnDelete
			CausesValidation	false
			CommandName	Delete
			OnClientClick	javascript:return confirm ('您确认要删除这条数据？')

二、新闻管理功能实现

1. 第一次加载 DetailsView 控件绑定数据

为页面添加 Page _ Load 事件，实现页面第一次加载时为 ID 为 dvNews 的 DetailsView 控件绑定数据，参考代码如下：

```
protected void Page _ Load( object sender, EventArgs e)
{
    if ( ! Page. IsPostBack )
    {
        dvBind( );
    }
}
```

其中，dvBind（）方法实现为 DetailsView 控件绑定数据，参考代码如下：

```
protected void dvBind( )
{
    DataSet ds = new DataSet( );
    String strCmd = " select News. * ,SubClass. SubName,MainClass. ClassID,
        MainClass. ClassName from News,SubClass,MainClass where
        News. SubID = SubClass. SubID and SubClass. ClassID = MainClass. ClassID" ;
    ds = sql. GetDataSet( strCmd ) ;
    dvNews. DataSource = ds ;
    dvNews. DataBind( ) ;
}
```

2. 实现分页功能

启用 ID 属性为 dvNews 的 DetailsView 控件的分页功能，并添加该控件的 PageIndex-Changing 事件，以响应单击分页导航的按钮事件。参考代码如下：

```
dvNews. PageIndex = e. NewPageIndex ;
dvBind( ) ;
```

3. 模式改变事件

当 DetailsView 控件由只读模式进入编辑模式时，需要为编辑模式的 DropDownList 控件绑定数据；当该控件退出编辑模式时，需要改变为只读模式，并且需要重新为 DetailsView 控件绑定数据。为 DetailsView 控件添加 ModeChanging 事件实现上述功能，参考代码如下：

```
1 protected void dvNews _ ModeChanging( object sender, DetailsViewModeEventArgs e)
2 {
3     DropDownList ddlClassName = new DropDownList( ) ;
4     DropDownList ddlSubName = new DropDownList( ) ;
5     HiddenField hidClassID = new HiddenField( ) ;
```

```
6      HiddenField hidSubID = new HiddenField( ) ;
7      Button btnDelete = new Button( ) ;
8      string strCmd = "" ;
9      DataSet ds = new DataSet( ) ;
10     if ( e. NewMode = = DetailsViewMode. Edit)
11     {
12         dvNews. AllowPaging = false ;
13         dvNews. ChangeMode( DetailsViewMode. Edit) ;
14         dvBind( ) ;
15         ddlClassName = ( DropDownList) dvNews. FindControl( "ddlClassName" ) ;
16         hidClassID = ( HiddenField) dvNews. FindControl( "hidClassID" ) ;
17         strCmd = "select ClassID , ClassName from MainClass" ;
18         ds = sql. GetDataSet( strCmd) ;
19         ddlClassName. DataSource = ds ;
20         ddlClassName. DataTextField = "ClassName" ;
21         ddlClassName. DataValueField = "ClassID" ;
22         ddlClassName. DataBind( ) ;
23         ddlClassName. SelectedValue = hidClassID. Value ;
24         ddlSubName = ( DropDownList) dvNews. FindControl( "ddlSubName" ) ;
25         hidSubID = ( HiddenField) dvNews. FindControl( "hidSubID" ) ;
26         strCmd = "select SubID , SubName from SubClass where ClassID = "   +
                   hidClassID. Value ;
27         ds = sql. GetDataSet( strCmd) ;
28         ddlSubName. DataSource = ds ;
29         ddlSubName. DataTextField = "SubName" ;
30         ddlSubName. DataValueField = "SubID" ;
31         ddlSubName. DataBind( ) ;
32         ddlSubName. SelectedValue = hidSubID. Value ;
33         btnDelete = ( Button) dvNews. FindControl( "btnDelete" ) ;
34         btnDelete. Visible = false ;
35     }
36     else if ( e. NewMode = = DetailsViewMode. ReadOnly)
37     {
38         dvNews. AllowPaging = true ;
39         dvNews. ChangeMode( DetailsViewMode. ReadOnly) ;
40         dvBind( ) ;
41     }
42 }
```

代码功能描述：

第 3 ~ 7 行：定义模板中对应的控件对象。

第 10 行：判断 DetailsView 控件正在转换的模式是否是编辑模式。如果是，则执行禁止分页、查找处于编辑模式的控件并进行数据绑定、隐藏删除按钮等一系统操作；如果不是，则执行启用分页、进行数据绑定显示数据等操作。

第 12 行：设置 DetailsView 控件禁止分页。

第 13 ~ 14 行：将 DetailsView 控件转换为编辑模式，执行数据绑定。

第 15 行：获取处于编辑模式数据行中的控件，并强制转换为下拉列表框控件，同时赋值给已定义的下拉列表框。其中，FindControl（"对象 ID 标志"）方法用于在当前命名容器中查找指定 ID 标志的控件。

第 16 行：获取处于编辑模式数据行中的控件，强制转换为隐藏域控件，并赋值给已定义的隐藏域。

第 17 ~ 23 行：查询新闻大类 ID、大类名称并绑定到下拉列表框，同时，设置下拉列表框的选定值为隐藏域的值。

第 24 ~ 32 行：获取新闻小类模板列中的控件，并执行数据绑定。

第 33 ~ 34 行：获取删除按钮控件并将它设置为不可见。

4. 实现删除数据功能

为 DetailsView 控件添加 ItemDeleting 事件，响应单击【删除】按钮事件，以实现数据删除功能。参考代码如下：

```
1  protected void dvNews _ ItemDeleting( object sender, DetailsViewDeleteEventArgs e)
2  {
3      int intFlag = 0;
4      int NewsID = int. Parse( dvNews. DataKey. Value. ToString( ) );
5      string strCmd;
6      strCmd = "Delete from News where NewsID = " + NewsID;
7      intFlag = sql. GetAffectedLine( strCmd );
8      if ( intFlag > 0)
9      {
10         Page. ClientScript. RegisterStartupScript( this. GetType( ), "Warning",
             NewsID + " < script language = javascript >alert('成功删除新闻! ') </script >" );
11     }
12     else
13     {
14         Page. ClientScript. RegisterStartupScript( this. GetType( ), "Warning",
             " < script language = javascript >alert('新闻删除失败!! ') </script >" );
15     }
16     dvNews. ChangeMode( DetailsViewMode. ReadOnly);
17     dvBind( );
18 }
```

代码功能描述：

第 4 行：获取 DetailsView 控件当前数据行主键的值。

第 5 ~ 7 行：构造 T-SQL 语句执行删除操作，并返回操作结果。

第 8 ~ 15 行：判断返回结果并弹出提示消息。

第 16 ~ 17 行：将 DetailsView 控件转换为只读模式，执行数据绑定。

5. 数据更新功能实现

编辑处于编辑模式的数据，当改变新闻所属大类时所属小类需要重新绑定数据，因此为所属大类的 DropDownList 控件添加 SelectedIndexChanged 事件。参考代码如下：

```
1 protected void ddlClassName _ SelectedIndexChanged( object sender , EventArgs e)
2 {
3     DropDownList ddlClassName = new DropDownList( );
4     DropDownList ddlSubName = new DropDownList( );
5     ddlClassName =
          ( DropDownList) dvNews. Rows[ 0 ]. Cells[ 1 ]. FindControl( "ddlClassName" ) ;
6     ddlSubName  =
          ( DropDownList) dvNews. Rows[ 1 ]. Cells[ 1 ]. FindControl( "ddlSubName" ) ;
7     string strCmd ;
8     DataSet ds = new DataSet( ) ;
9     int ClassID = int. Parse( ddlClassName. SelectedValue. ToString ( ) ) ;
10    strCmd = "select SubID , SubName from SubClass where ClassID = "  + ClassID ;
11    ds = sql. GetDataSet( strCmd ) ;
12    ddlSubName. DataSource = ds ;
13    ddlSubName. DataTextField = "SubName" ;
14    ddlSubName. DataValueField = "SubID" ;
15    ddlSubName. DataBind( ) ;
16 }
```

代码功能描述：

第 5 行：获取 DetailsView 控件中的下拉列表框控件。其中，Rows[n]表示 DetailsView 控件 Rows 集合的第 n + 1 行；Cells[n]表示当前容器中行的第 n + 1 单元格。

为 DetailsView 控件添加 ItemUpdating 事件，以实现数据编辑功能。参考代码如下：

```
protected void dvNews _ ItemUpdating( object sender , DetailsViewUpdateEventArgs e)
{
DropDownList ddlSubName = new DropDownList( ) ;
TextBox txtNewsTitle = new TextBox( ) ;
CKEditorControl txtNewsContent = new CKEditorControl( ) ;
RadioButtonList radImageFlag = new RadioButtonList( ) ;
RadioButtonList radNewsFlag = new RadioButtonList( ) ;
```

```
RadioButtonList radImportantFlag = new RadioButtonList( );
ddlSubName = ( DropDownList) dvNews. Rows[ 1 ]. Cells[ 1 ]. FindControl( "ddlSubName" );
txtNewsTitle = ( TextBox) dvNews. Rows[ 2 ]. Cells[ 1 ]. FindControl( "txtNewsTitle" );
txtNewsContent =
     ( CKEditorControl) dvNews. Rows[ 3 ]. Cells[ 1 ]. FindControl( "txtNewsContent" );
radImageFlag =
     ( RadioButtonList) dvNews. Rows[ 4 ]. Cells[ 1 ]. FindControl( "radImageFlag" );
radNewsFlag =
     ( RadioButtonList) dvNews. Rows[ 5 ]. Cells[ 1 ]. FindControl( "radNewsFlag" );
radImportantFlag =
     ( RadioButtonList) dvNews. Rows[ 6 ]. Cells[ 1 ]. FindControl( "radImportantFlag" );
string NewsTitle, NewsContent;
int SubID, ImageFlag, NewsFlag, ImportantFlag;
SubID = int. Parse( ddlSubName. SelectedValue. ToString( ) );
NewsTitle = txtNewsTitle. Text. ToString( );
NewsContent = txtNewsContent. Text. ToString( );
if( radImageFlag. SelectedValue. ToString( ) = = "True" )
{
    ImageFlag = 1;
}
else
{
    ImageFlag = 0;
}
if( radNewsFlag. SelectedValue. ToString( ) = = "True" )
{
    NewsFlag = 1;
}
else
{
    NewsFlag = 0;
}
if( radImportantFlag. SelectedValue. ToString( ) = = "True" )
{
    ImportantFlag = 1;
}
else
{
```

```
        ImportantFlag = 0 ;
}
string strCmd ;
int intFlag ;
int NewsID = int. Parse( dvNews. DataKey. Value. ToString( )) ;//获取主键的值
strCmd = " update News set SubID = " + SubID + " ,NewsTitle = '" + NewsTitle + "'
    ,NewsContent = '"  + NewsContent + "' ,ImageFlag = " + ImageFlag + " ,NewsFlag = "  +
    NewsFlag + " ,ImportantFlag = " + ImportantFlag  + " where NewsID = " + NewsID ;
intFlag = sql. GetAffectedLine( strCmd ) ;
if ( intFlag  > 0 )
{
    Page. ClientScript. RegisterStartupScript( this. GetType( ) , "Warning" , " < script
    language = javascript > alert('新闻更新成功! ') </script >") ;
}
else
{
    Page. ClientScript. RegisterStartupScript( this. GetType( ) , "Warning" , " < script
    language = javascript > alert('新闻更新失败!! ') </script >") ;
}
dvNews. ChangeMode( DetailsViewMode. ReadOnly ) ;
dvBind( ) ;
}
```

思考与练习

1. 简述 DetailsView 控件的功能。
2. 使用 DetailsView 控件实现数据管理功能。

项目9 个人信息管理模块的设计与实现

管理员或超级管理员成功登录系统后，可以实现个人信息管理功能。本项目将介绍管理员或超级管理员的密码修改，真实姓名、个人主页等其他个人信息修改功能的设计思路及实现方法。

本项目涉及的知识点：Request 对象、TextBox 控件、Calendar 控件。

任务1 密码修改功能的设计与实现

教学目标

◆ 掌握 Request 对象常用集合的使用。
◆ 掌握密码框的特性。
◆ 理清密码修改功能设计思路，设计并实现密码修改功能。

任务描述

管理员成功登录后可以对个人信息进行管理，本次任务将要实现密码修改功能，修改密码页面效果图如图 9-1 所示。

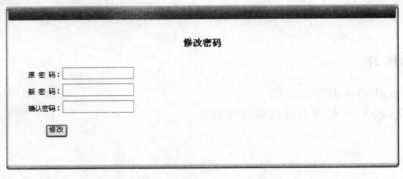

图 9-1 修改密码页面效果图

成功登录的管理员，单击左侧权限导航列表中的"个人信息管理"链接，进入个人信息管理页面。在该页面中，管理员可以修改登录密码。修改登录密码需先输入原密码，在原密码输入正确的前提下，输入新密码和确认新密码，信息输入无误后，单击"修改"按钮，实现密码修改功能。

由项目5可知，成功登录管理员的登录账号、管理权限保存在 Session 对象中。根据保存的登录账号获取其登录密码，然后与管理员输入的原密码进行比较，如果一致，则继续输入新密码及确认密码；否则提示"原密码输入有误，请重新输入"。为原密码文本框添加

TextChanged 事件，并设置其 AutoPostBack 属性为 true，当管理员输入了原密码时，则触发该事件，实现与原密码的比较功能。

 知识链接

一、Request 对象

项目 6 任务 4 讲解了 Reqeust 对象的常用属性、方法，本次任务将讲解 Request 对象提供的常用集合。Request 对象的常用集合及说明见表 9-1。

表 9-1　**Request 对象的常用集合及说明**

集合	说　　明
Form 集合	获取用 Post 方法传送的表单控件的值
QueryString 集合	获取用 Get 方法传送的表单控件的值或 HTTP 查询字符串变量的集合

在 ASP. NET 中，页面中的表单默认以 Post 方式向服务器发送信息，使用 Request 对象的 Form 集合获取来自表单的数据，一般格式如下：

Request. Form["控件 ID"]

或采用其缩写格式：

Request["控件 ID"]

例如，在发送的表单中有一个 ID 为 txtUserName 的文本框控件（以 Post 方式发送信息），获取该文本框控件的值，参考代码如下：

Request. Form["txtUserName"] 或 Request["txtUserName"]

二、TextBox 控件

当 TextBox 控件的 TextMode 属性设置为 "Password" 时，为了安全起见，页面回传时，其值被清空，用户输入不会保存。在本次任务中，当管理员输入的原密码和数据库中存储的密码一致时，需要保存用户输入的原密码，即密码框不被清空。这时，需要为密码框增加一个新的属性，以保存用户输入，参考代码如下：

this. txtOldPWD. Attributes. Add("value", Request["txtOldPWD"]);

 **任务实施**

参考项目 5 任务 2 实现密码修改功能。

任务 2　其他个人信息管理功能的设计与实现

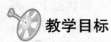 **教学目标**

◆进一步巩固 DetailsView 控件的 TemplateField 使用。

◆掌握 Calendar 控件的使用方法。

◆理清其他信息管理功能设计思路，设计并实现其他信息管理功能。

 任务描述

　　管理员成功登录后可以对个人信息进行管理，本次任务将要实现除密码外的管理员其他信息的编辑功能，实现效果图如图9-2、图9-3所示。

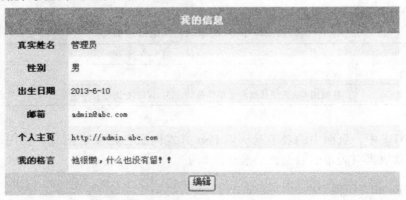

图9-2　管理员信息显示效果图

图9-3　管理员信息编辑效果图

　　成功登录的管理员，单击左侧权限导航列表中的"个人信息管理"链接，进入个人信息管理页面。在该页面中，管理员可以编辑其除密码外的其他个人信息。在初始状态下，将真实姓名、性别、出生日期、邮箱、个人主页等管理员信息显示在表格中，如图9-2所示；当单击【编辑】按钮时，显示信息的表格就转换到编辑模式，用户可以修改其个人信息，如图 9-3 所示。信息修改完毕后，单击【更新】按钮，修改后的数据将被写入数据库，退出编辑模式，显示更新后的数据；单击【取消】按钮，将撤消修改操作，退出编辑模式，显示更新前的数据。

　　考虑到个别数据项的信息量可能比较大，所以使用 DetailView 控件实现数据管理操作。为 DetailView 控件添加 6 个 TemplateField 模板字段，分别绑定管理员的真实姓名、性别、出生日期、邮箱、个人主页及我的格言字段；再添加 1 个 CommandField 字段，实现数据编辑操作。为方便用户操作，出生日期字段的日期选择由 Calendar 控件来实现。

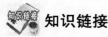 **知识链接**

Calendar 控件

Calendar 控件用于在页面上显示一个单月份日历，用户可以使用该日历查看和选择日期。Calendar 控件常用属性及说明见表 9-2。

表 9-2　Calendar 控件常用属性及说明

属性	说　　明
Caption	设置呈现日历标题的文本值
SelectionMode	设置日期选择模式
SelectionDate	获取用户选中的日期
ShowNextPrevMonth	Calendar 控件是否在标题部分显示下个月和上个月导航元素

SelectionMode 属性设置日期选择模式，默认值为 Day。该属性有 4 个值：
- ➤ Day：只能选择单个日期。
- ➤ None：不能选择日期，只能显示日期。
- ➤ DayWeek：选择整星期或单个日期。
- ➤ DayWeekMonth：选择单个日期、整星期或整月。

使用 Label 控件显示用户选择的当前日期，设 Label 控件的 ID 为 lblDate，Calendar 控件的 ID 为 Calendar1，参考代码如下：

```
lblDate. Text = Calendar1. SelectionDate. ToShortDateString( );
```

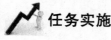 **任务实施**

参考项目 8 任务 2 实现管理员信息编辑功能。

项目 10　管理员管理模块的设计与实现

超级管理员成功登录系统后，可以实现对管理员（普通管理员）和超级管理员的管理功能。超级管理员具有添加管理员、修改管理员权限等权限，本项目将介绍这些功能的设计思路及实现方法。

本项目涉及的知识点：方法封装、数据绑定。

任务 1　管理员添加功能的设计与实现

教学目标

◆进一步熟悉 DropDownList 控件的使用方法。
◆理清管理员添加功能的设计思路，设计并实现管理员添加功能。

任务描述

新闻发布系统后台管理分两级管理员权限，分别是管理员权限和超级管理员权限，超级管理员可以对管理员进行管理，本次任务要实现超级管理员添加管理员功能，添加管理员页面效果图如图 10-1 所示。

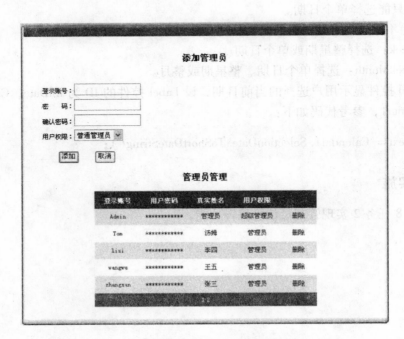

图 10-1　添加管理员页面效果图

超级管理员可以设置管理员登录账号、初始密码，并为其分配权限；单击【添加】按钮可实现管理员的添加功能；单击【取消】按钮，将清空用户输入，并将焦点置于登录账号文本框中。在实现添加功能时，需要对输入信息进行有效性验证，如验证输入的管理员账号在数据库中是否已存在、输入的密码与确认密码是否相同等。

任务实施

参考项目 8 任务 1 实现管理员添加功能。

任务 2　管理员管理功能的设计与实现

教学目标

◆掌握数据后期处理方法，按要求实现数据处理。
◆理清管理员管理设计思路，设计并实现管理员管理功能。

任务描述

超级管理员可以对管理员进行管理，但只有删除权限，没有随意修改管理员信息的权限。管理员本人可以对其信息进行修改操作。管理员管理实现效果图如图 10-1 所示。

管理员信息管理首先需要将管理员信息如登录账号、用户密码、真实姓名及用户权限等分页显示出来，该功能可以使用 GridView 控件来实现。根据系统需求对 GridView 控件添加 BoundField 列、TemplateField 列和 CommandField 列，执行数据绑定即可。

考虑到本次任务不需要对数据执行更新操作，为增强数据的可读性，需要对获取的数据进行后期处理。

知识链接

一、封装处理数据的方法

管理员权限字段在数据库中以 bit 类型存储，其值为 0 或 1。该值与 C#语言中布尔型数据一致，可将获取的数据项转换为布尔型数据，再进行处理。

封装一个方法，实现管理员权限可读性处理功能。该方法以转换后的管理员权限为参数，返回可读性强的字符串，参考代码如下：

```
protected string DispText( bool boolFlag)
{
    return boolFlag ? "超级管理员" : "管理员";
}
```

"？　:"是条件运算符，其基本格式为：

表达式 1？表达式 2:表达式 3

条件表达式的执行顺序：先求解表达式 1，若表达式 1 的值为真则求解表达式 2，此时表达式 2 的值就作为整个表达式的值；若表达式 1 的值为假则求解表达式 3，表达式 3 的值就是整个条件表达式的值。

二、绑定数据

将获取的管理员权限绑定到 Label 控件上，并调用管理员权限可读性处理方法 DispText 实现数据处理，参考代码如下：

```
< asp:Label ID = "Label1" runat = "server"
Text = ' < % # DispText( Convert. ToBoolean( Eval( "UserPower" ). ToString( ) ) ) % >' > </asp:Label >
```

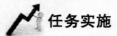 任务实施

参考项目 7 任务 3 实现管理员管理功能。

项目 11　新闻发布系统用户控件的设计与实现

新闻发布系统后台管理功能已基本实现，从本项目开始将讲解该系统前台的设计思路及实现方法。新闻发布系统前台页面中包括部分相同的用户界面，这时需要将其提取出来，封装成用户控件，便于程序开发及后期维护。本项目将介绍新闻类别导航控件、新闻搜索控件等用户控件的设计思路与实现方法。

本项目涉及的知识点：LinkButton 控件、DataList 控件、用户控件、构造查询字符串及 Request 对象获取查询字符串。

任务 1　新闻类别导航的设计与实现

 教学目标

◆掌握 LinkButton 控件的使用方法。
◆掌握 DataList 控件的使用方法。
◆掌握用户控件的定义及使用。
◆理清新闻类别导航设计思路，设计并实现新闻类别导航功能。

 任务描述

新闻发布系统前台页面顶部显示网站 Banner 及新闻类别导航，实现效果如图 11-1 所示。网站 Banner 是一张图片，命名为"新视角"，使用 Image 控件实现；新闻类别导航读取后台数据库中新闻大类表的大类名称并以列表的形式显示出来。浏览者单击某一新闻大类，可以跳转到新闻类别显示页面，显示该新闻大类包含的新闻小类及新闻。

图 11-1　Banner 及新闻类别导航

新闻类别导航结构清晰、布局合理、颜色搭配协调，可方便网友快捷地找到自己感兴趣的内容。

知识链接

一、LinkButton 控件

LinkButton 控件也称为超链接按钮控件，是以超链接形式显示的按钮控件，单击会触发服务器端 Click 事件。LinkButton 控件的常用属性/事件及说明见表 11-1。

表 11-1　LinkButton 控件的常用属性/事件及说明

属性/事件	说　　明
ID 属性	获取或设置分配给服务器控件的编程标志符
RunAt 属性	其值为 Server，表示 LinkButton 控件运行在服务器端
Text 属性	LinkButton 控件中显示的文本信息
CausesValidation 属性	LinkButton 控件是否执行验证
Enable 属性	LinkButton 控件是否可用
Click 事件	单击 LinkButton 控件时触发的事件
Command 事件	单击 LinkButton 控件并定义了关联的命令时触发

二、DataList 控件

1. DataList 控件概述

DataList 控件是常用的数据绑定控件之一，可用于显示任何重复结构中的数据，如数据库表、XML 文件或者其他项目列表。使用 DataList 控件可以显示模板定义的数据绑定列表，其显示内容通过使用模板进行控制，它允许每一行显示多条记录。通过使用 DataList 控件可以显示、选择和编辑数据源中的数据。

DataList 控件常用的属性/事件/方法及说明见表 11-2。

表 11-2　DataList 控件常用的属性/事件/方法及说明

属性/事件/方法	说　　明
DataKeyField 属性	获取或设置由 DataSource 属性指定的数据源中的键字段
DataSource 属性	获取或设置 DataList 控件的数据源
HorizontalAlign 属性	获取或设置数据列表控件在其容器内的水平对齐方式
RepeatColumns 属性	获取或设置要在 DataList 控件中显示的列数。默认值为 0，它指示 DataList 控件中的项基于 RepeatDirection 属性的值按单行显示还是单列显示
RepeatDirection 属性	获取或设置 DataList 控件是垂直显示还是水平显示
RepeatLayout 属性	获取或设置 DataList 控件是在表中显示还是在流布局中显示
ItemCommand 事件	当单击 DataList 控件模板中任一按钮时发生
DataBind 方法	将数据源绑定到 DataList 控件
FindControl 方法	在当前的命名容器中搜索指定的服务器控件

2. DataList 控件中的模板和样式

在 DataList 控件中，可以先用模板和样式定义显示数据的格式，再使用自定义的格式显示绑定数据源中的各行信息。可以为项、交替项、选定项和编辑项等创建模板；也可以使用标题、脚注和分隔符模板自定义 DataList 的整体外观。该控件支持的模板及说明见表 11-3。

表 11-3　DataList 控件支持的模板及说明

模板	说　　明
ItemTemplate	定义列表项的内容和布局。该项是必选项
AlternatingItemTemplate	该模板用于定义交替显示项的内容和布局
SelectedItemTemplate	该模板用于定义选中项的内容和布局
EditItemTemplate	该模板用于定义正在编辑项的内容和布局
HeaderTemplate	该模板用于定义列表标头的内容和布局。该模板不能是数据绑定项
FooterTemplate	该模板用于定义列表脚注的内容和布局。该模板不能是数据绑定项
SeparatorTemplate	如果定义该模板,则在各个项目之间呈现分隔符,该模板不能是数据绑定项

在模板中可以包含一些 HTML 元素和控件,并可以对其进行属性设置,以实现不同的显示内容和页面布局。

ItemTemplate 模板的内容会对应数据源中的"记录"重复出现。

可以使用 SelectedItemTemplate 模板,设置不同的背景色或字体颜色直观地区分选定的行,还可以通过显示数据源中的其他字段来展开模板定义的数据项。

EditItemTemplate 模板通常包含一些编辑控件,如 TextBox 控件等,当控件处于编辑模式时,使用这些控件显示、编辑绑定数据项。

HeaderTemplate 模板和 FooterTemplate 模板中的内容在输出中仅出现一次。

通过为 DataList 控件的各个部分指定样式,可以自定义该控件的外观。DataList 控件不同部分的外观的样式属性及说明见表 11-4。

表 11-4　DataList 控件不同部分的外观的样式属性及说明

样式属性	说　　明
ItemStyle	定义列表项的样式
AlternatingItemStyle	定义交替项的样式
SelectedItemStyle	定义选定项的样式
EditItemStyle	定义正在编辑项的样式
HeaderStyle	如果有列表标头的话,则定义列表标头的样式
FooterStyle	如果有列表脚注的话,则定义列表脚注的样式
SeparatorStyle	定义各项之间的分隔符的样式

3. DataList 控件可视化设置

在页面中添加 DataList 控件,单击向右的智能显示标记,打开【DataList 任务】窗口,如图 11-2 所示。

➢ 选择【DataList 任务】窗口中的【自动套用格式…】命令,打开【自动套用格式】窗口。通过该窗口,可以为选定的 DataList 控件设置系统定义的设计方案。

➢ 选择【DataList 任务】窗口中的【属性生成器…】命令,打开【DataList 属性】窗口,如图 11-3 所示。通过该窗口,可以为 DataList 控件设置页眉和页脚、格式、边框等。

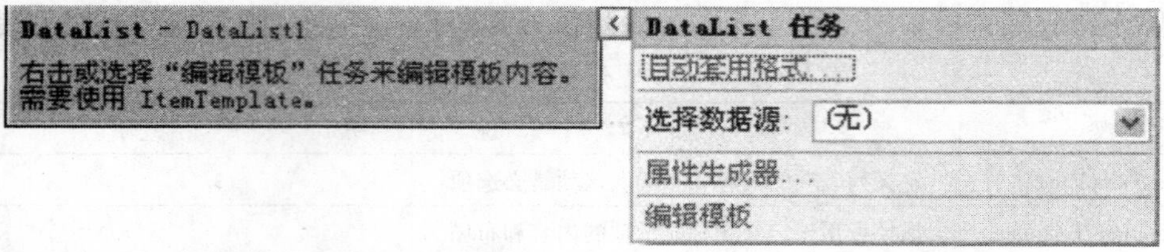

DataList - DataList1

右击或选择"编辑模板"任务来编辑模板内容。
需要使用 ItemTemplate。

DataList 任务

自动套用格式…

选择数据源：(无) ▾

属性生成器…

编辑模板

图 11-2　DataList 控件及【DataList 任务】窗口

DataList1 属性   ✕

常规	页眉和页脚
格式	☑ 显示页眉(H)
边框	☑ 显示页脚(F)

重复布局

列(C)：　　　0

方向(I)：　　垂直 ▾

布局(L)：　　表 ▾

[确定] [取消] [应用(A)] [帮助]

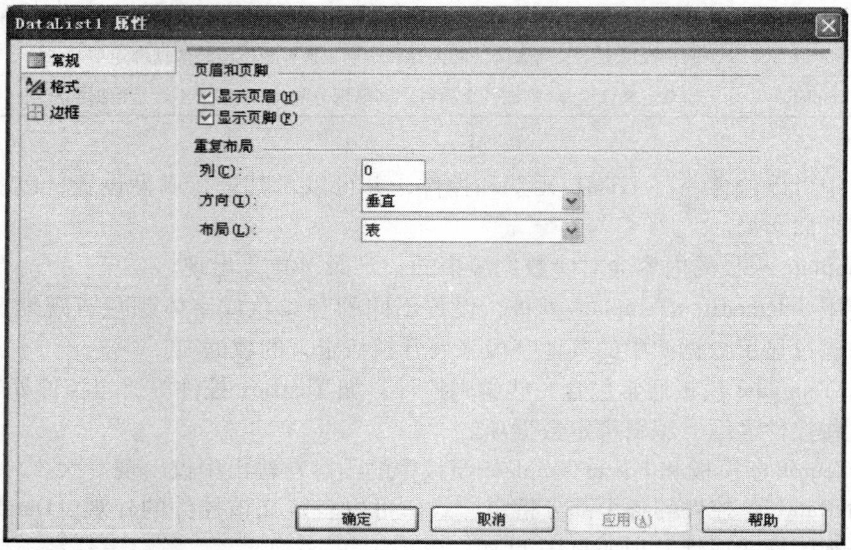

图 11-3　【DataList 属性】窗口

➢ 选择【DataList 任务】窗口中的【编辑模板】命令，打开 DataList 控件的【项模板】窗口，点击该窗口向右的智能显示标记，打开【DataList 任务模板编辑模式】窗口，如图 11-4 所示。

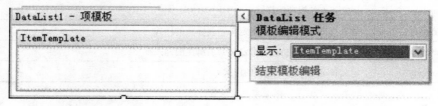

DataList1 - 项模板

ItemTemplate

DataList 任务
模板编辑模式

显示： ItemTemplate ▾

结束模板编辑

图 11-4　【项模板】和【DataList 任务模板编辑模式】窗口

【DataList 任务模板编辑模式】窗口提供了项模板、页眉和页脚模板和分隔符模板 3 类模板列表。选择不同的模板，可以对不同模板进行设置。选择【结束模板编辑】命令即可退出模板编辑模式。

三、用户控件

当页面中包含部分相同功能的界面时，可以将相同的部分提取出来，定义用户控件。用户控件是一种自定义的组合控件，通常由系统提供的服务器控件组合而成。用户控件可以同时具有用户界面和代码，用于满足特定的需要。封装的用户控件，可以在任何一个页面中方便地使用，像使用系统控件一样。

用户控件的几点说明：

1）用户控件的文件扩展名为 .ascx。

2）用户控件的文件开头使用@ Control 指令，使用该指令对配置及其他属性进行定义。

3）用户控件文件不能独立运行，必须像其他服务器控件一样添加到 Web 页面中运行。

4）用户控件文件中没有 html、body 或 form 等元素，这些元素必须位于用户的 Web 页面文件中。

若要使用封装好的用户控件，有三种方法：

1）在需要使用用户控件的页面或另一个用户控件文件中执行以下步骤：

➢ 使用@ Register 指令在页面顶部注册用户控件。

➢ 在想要使用用户控件的位置放置用户控件。

@ Register 指令常用格式：

```
< % @ Register src = "用户控件地址" tagname = "用户控件名称" tagprefix = "命名空间
    名称" % >
```

其中：

➢ src 属性：指定用户控件的 URL 地址。

➢ tagname 属性：指定使用的用户控件的名称，可以指定任意标识符，标识符最好见名思义。

➢ tagprefix 属性：指定与用户控件关联的命名空间，可以指定任意标识符，标识符最好见名思义。

2）在 web. config 文件中配置用户控件，这样就可以直接在整个 Web 应用程序中使用该用户控件而不需要再次注册。参考代码如下：

```
< controls >
        < add src = "用户控件地址" tagname = "用户控件名称" tagprefix = "命名空间名
称"/ >
    < /controls >
```

3）在需要使用用户控件的页面或另一个用户控件文件的【设计】视图状态下，在【解决方案资源管理器】中选择用户控件，用鼠标左键直接将该用户控件拖动到需要放置用户控件的位置，松开鼠标左键即可。

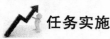 **任务实施**

一、创建用户控件

为了方便管理，在 WebNews 项目中创建 UserControls 文件夹，将需要用到的用户控件文件放在该文件夹中。

1）在 Visual Studio 2008 集成开发环境中打开系统项目 WebNews，并在项目中新建文件夹，改名为 UserControls，使用该文件夹存放系统所有的 Web 用户控件。

2）在文件夹 UserControls 节点上单击右键，在弹出的快捷菜单中选择【添加新项】命令，系统将弹出【添加新项】窗口，如图 11-5 所示。

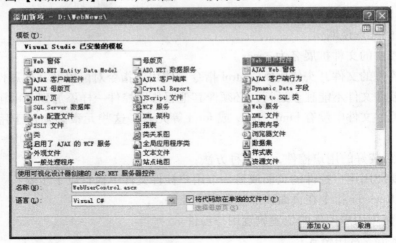

图 11-5　【添加新项】窗口

3）选择 Visual Studio 已安装的【Web 用户控件】模板，默认创建名为 WebUserControl. ascx 的用户控件。将【名称】项中文件名称改为 UCTopNavi. ascx，【语言】项设为 Visual C#，选中【将代码放在单独文件中（P）】前的复选框，单击【添加】按钮。

4）系统自动在 Web 窗体编辑区打开 UCTopNavi. ascx 文件的【设计】视图窗口。

二、界面与功能实现

1. 设计界面

切换到【源】视图状态，添加两个 div 标签。第一个 div 标签用于显示系统 Banner，第二个用于显示新闻类别导航。参考代码如下：

```
< % @ Control Language = " C#" AutoEventWireup = " true" CodeFile = " UCTopNavi. ascx. cs"
    Inherits = " UserControls _ UCTopNavi" % >
< div class = " imgLogo" > < /div >
< div class = " Navi" > < /div >
```

相关样式设置参考代码如下：

```
/ * Banner 图片样式 * /
. imgLogo
{
    width：1000px；
    height：169px；
    text-align：center；
    background-image：url('. . /Images/AllLogo. jpg ')；
}
/ * 导航样式 * /
```

```
.Navi
{
    margin: 0px;
    font-size: 13px;
    font-weight: bold;
    padding-top: 10px;
    padding-left: 12px;
    text-align: left;
    width: 988px;
    background-color: #155E11;
    height: 25px;
}
/*导航链接样式*/
.Navi .Navia a:hover, .Navia a:active, .Navia a:link, .Navia a:visited
{
    text-decoration: none;
    color: #C8FEB6;
}
```

2. 功能实现

1）将页面切换到【设计】视图，在第二个 div 标签中添加 DataList 控件。设置 DataList
控件相关属性，其属性及属性值详见表 11-5。

表 11-5　DataList 控件属性及属性值

属　性	属　性　值
ID	dlNavi
RepeatDirection	Horizontal
RepeatLayout	Flow
DataKeyField	ClassID

2）打开 DataList 项模板，添加 LinkButton 控件并设置相关属性，属性及属性值详见表
11-6。打开 LinkButton 控件任务窗口，选择窗口中的【编辑 DataBindings...】，打开
【lblClassName DataBindings】窗口绑定数据，如图 11-6 所示。

表 11-6　LinkButton 控件属性及属性值

属　性	属　性　值
ID	lbClassName
CommandName	Navi

3）编写代码，实现功能。

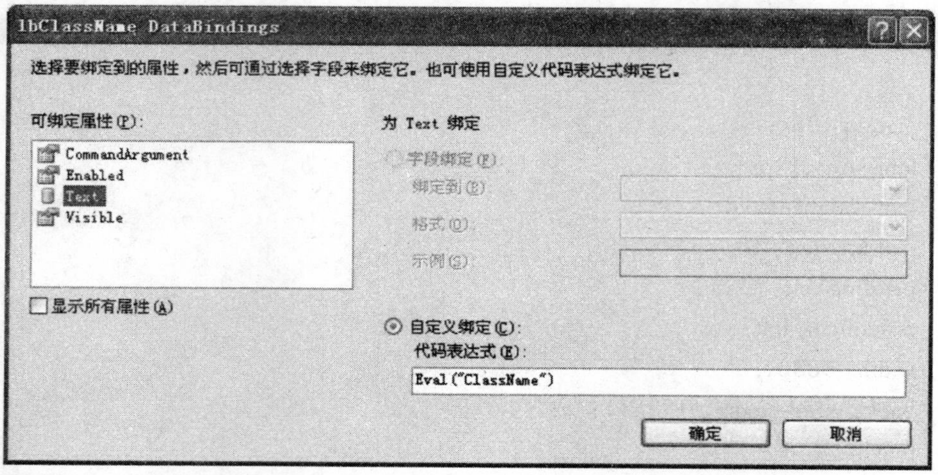

图 11-6 【lblClassName DataBindings】窗口

在 Page _ Load 事件中添加代码,实现显示新闻大类导航。参考代码如下:

```
protected void Page _ Load( object sender, EventArgs e)
{
    if( ! Page. IsPostBack)
    {
      dlBind( );
    }
}
//绑定顶部导航
protected void dlBind( )
{
    string strCmd = " select ClassID,ClassName from MainClass where ClassFlag = 1 order
        by ClassOrder" ;
    SQLDataAccess sql = new SQLDataAccess( );
    DataSet ds = new DataSet( );
    ds = sql. GetDataSet( strCmd) ;
    dlNavi. DataSource = ds;
    dlNavi. DataBind( );
}
```

为 DataList 控件添加 ItemCommand 事件,实现单击新闻大类时的页面跳转。参考代码如下:

```
1 protected void dlNavi _ ItemCommand( object source, DataListCommandEventArgs e)
2 {
```

```
3        int intClassID = int. Parse( dlNavi. DataKeys[ e. Item. ItemIndex ]. ToString ( ) );
4        if ( e. CommandName = = " Navi" )
5        {
6            if ( intClassID = =1 )
7            {
8                Response. Redirect( " Default. aspx" );
9            }
10           else
11           {
12               Response. Redirect( " SubNews. aspx?" );
13           }
14       }
15   }
```

代码功能描述：

第 3 行：获取 DataList 控件包含的数据源列表项的主键值，即新闻大类 ID。

第 4 行：获取 DataList 控件命令名称并判断与字符串"Navi"是否相等。如果相等，则执行页面跳转。

第 6 ~ 13 行：判断新闻大类 ID 是否等于 1。如果等于 1，说明单击了"首页"，系统将跳转到 Default. aspx 页面；否则，说明单击了除"首页"外的其他新闻大类名称，系统将跳转到 SubNews. aspx 页面。

 思考与练习

1. 什么是用户控件。
2. 设计并实现新闻类别导航用户控件。

任务 2　新闻搜索功能的设计与实现

 教学目标

◆进一步熟悉 JavaScript 脚本的使用。

◆掌握构造查询字符串并使用查询字符串传递参数的方法。

◆理清新闻搜索功能设计思路，设计并实现新闻搜索功能。

 任务描述

强大的搜索功能，可以提高系统效率，增强用户体验。本次任务将搭建前台页面的新闻搜索界面，并将用户输入的搜索条件传递到新闻搜索页面。搜索关键字可以是新闻标题，新闻内容或者是新闻的发布时间。搜索关键字初始查询条件提示友好，设定为"请输入要搜索的内容…"。搜索按钮由一张图片实现。选择/输入查询条件前、后如图 11-7、图 11-8

所示。

　　通过比较图 11-7、图 11-8 发现，新闻搜索功能由三部分组成。由下拉列表框提供的搜索关键字方便用户进行选择；带提示信息的文本框方便用户输入搜索条件；简洁大方的搜索按钮实现将用户搜索信息传递到搜索页面。

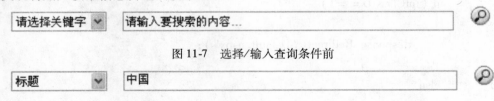

图 11-7　　选择/输入查询条件前

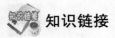

图 11-8　　选择/输入查询条件后

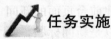 **知识链接**

Response 对象

　　项目 5 任务 1 中讲述了 Response 对象，在此将继续对该对象的 Redirect 方法进行讲解。本例中使用该方法，不仅要实现重定向的目的，还需要传递参数。例如：

```
Response. Redirect("SearchNews. aspx?  Key = " + strKey + "&Search = " + strSearch)
```

　　该语句实现重定向到 SearchNews. aspx 页面，同时传递 Key 和 Search 两个参数，参数的值分别保存在变量 strKey 和 strSearch 中。

　　这样传递的参数称为 HTTP 查询字符串。将查询字符串放在 URL 地址后面，并使用问号 "?" 分隔 URL 地址与查询字符串。

　　例如：

```
Response. Redirect("Demo. aspx?  Name = 李四")
```

　　该语句的功能是重定向到 Demo. aspx 文件，同时传递一个变量名为 Name 的查询字符串，查询字符串变量的值为 "李四"。

　　"李四" 是一个常量，若需要传递的值是另外一个变量的值，则需要用到字符串连接运算符 "&"。现将 "李四" 保存到另外一个变量 Name1 中，上面语句修改为

```
Name1 = "李四"
Response. Redirect("Demo. aspx?  Name =  " & Name1)
```

　　若需要传递多个变量的值，则用字符串连接运算符 "&" 进行连接即可。需要特别注意的是在 "&" 和变量名之间没有空格，否则系统将认为传递的变量名上带空格，接收查询字符串变量时也必须带空格。

任务实施

一、新闻搜索控件界面设计

　　1）在 Visual Studio 2008 集成开发环境中打开系统项目 WebNews，并在 UserControls 文

件夹节点上单击右键，在弹出的快捷菜单中选择【添加新项】命令，创建文件名为 UC-NewsSearch. ascx 用户控件。

2）切换到 UCNewsSearch. ascx 文件的【源】视图，添加一个 div 标签。并在该标签中添加一个 DropDownList 控件、一个 TextBox 控件和一个 ImageButton 控件，分别设置控件的属性。具体的属性设置详见表 11-7。

表 11-7　新闻搜索控件中的属性设置

控件	属性	属　性　值
DropDownList	ID	ddlKey
TextBox	ID	txtSearch
	onkeyup	GoKeyDown(event) ;
	onblur	if(! this. value)this. value = '请输入要搜索的内容…';return true;
	onfocus	if(this. value == '请输入要搜索的内容…')this. value = '';return true;
	value	请输入要搜索的内容…
	Width	360px
ImageButton	ID	btnSearch
	ImageUrl	~ /Images/Search. gif

3）设置列表项。选中名为 ddlKey 的下拉列表框控件，单击向右的智能显示标记，打开【DropDownList 任务】窗口的【编辑项…】命令，在【ListItem 集合编辑器】窗口中设置下拉列表框的列表项，如图 11-9 所示。分别设置成员"请选择关键字"、"标题"、"内容"、"发布时间"的值为 0、1、2、3。

图 11-9　ListItem 集合编辑器

二、编写代码实现功能

为 ImageButton 控件添加 Click 事件，参考代码如下：

```
protected void btnSearch _ Click( object sender, ImageClickEventArgs e)
{
```

```
        string strKey, strSearch;
        strKey = ddlKey. SelectedValue. ToString( );
        strSearch = txtSearch. Text. ToString( );
        if ( strKey == "0" || strSearch == "请输入要搜索的内容…" )
        {
            Page. ClientScript. RegisterStartupScript( this. GetType( ), " ",
            " < script language = 'javascript ' > alert('请选择要搜索的关键字
                或输入搜索条件') </script >" );
        }
        else
        {
            Response. Redirect("SearchNews. aspx? Key = " + strKey + "&Search = " + strSearch);
        }
    }
```

三、使用新闻搜索控件

打开 UCTopNavi. ascx 新闻类别导航用户控件，注册并使用新闻搜索控件，参考代码如下：

```
< %@  Register src = "UCNewsSearch. ascx" tagname = "NewsSearch" tagprefix = "uc1" % >
< div class = "Search" >
    < uc1 :NewsSearch ID = "NewsSearch1" runat = "server" / >
</div >
```

相关样式设置参考代码如下：

```
. Search
{
    text-align: right;
    padding-right:20px;
    padding-top:5px;
}
```

 思考与练习

1. 简述使用用户控件的方法。
2. 如何定义查询字符串。
3. 完善任务 1 新闻类别导航功能，实现当单击除"首页"外的其他新闻大类名称时，跳转到 SubNews. aspx 页面同时传递参数，即新闻大类 ID。

任务3 图片新闻展示功能的设计与实现

教学目标

◆进一步熟悉 LinkButton 控件的使用。
◆进一步熟悉 DataList 控件的使用。
◆进一步掌握 Request 对象 QueryString 集合的使用。
◆理清图片新闻展示功能设计思路，设计并实现图片新闻展示功能。

任务描述

图片新闻展示功能实现将最新的前6条图片新闻或某个新闻类别下最新的前6条图片新闻以图文并茂的方式显示出来，显示效果如图 11-10 所示（只截取了前3条图片新闻）。由图 11-10 可知，左侧显示图片新闻的第一张图片，右侧显示图片新闻的标题、内容。新闻标题和新闻内容如果偏长，就截取部分内容并加 "…" 显示。图片新闻展示用户控件不仅用于首页精品推荐，还可以用于单击新闻类别导航的某一新闻类别时（除"首页"外），该类图片新闻的精品推荐。

通过分析不难发现，实现本次任务的关键问题有以下三个：

➢ 获取图片新闻第一张图片的 URL 地址。

图片新闻包含的图片连同新闻内容一并存储在新闻表的 NewsContent 字段中。新闻内容的格式设置及图片的 URL 地址在数据库中都以 HTML 标签的形式存储。要获

图 11-10 图片新闻展示效果

取图片新闻第一张图片 URL 地址首先需要找到第一张图片对应的 HTML 标签，再获得该标签 src 属性的值即可。

➢ 截取指定长度的字符串。

如果新闻标题或新闻内容较长，就需要截取指定长度的文本然后再显示出来。要截取新闻内容的有效字符，需要自定义函数对新闻内容中的 HTML 标签进行处理，否则会将部分 HTML 标签显示出来。

➢ 获取新闻类别 ID。

单击除"首页"外的其他新闻类型时以查询字符串形式传递新闻类别 ID，Request 对象的 QueryString 集合可以获取查询字符串的值，实现该功能。

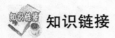 知识链接

Request 对象

Request 对象的相关知识已在项目 6 中做了详细介绍。

本次任务中用到 Request 对象的 QueryString 集合，其基本语法：

Request. QueryString["查询字符串变量名"]

参数"查询字符串变量名"表示要获取的 HTTP 查询字符串变量名称，返回 HTTP 查询字符串变量的集合。例：

Response. Redirect[" Demo. aspx?Name = 李四"]

要获取查询字符串变量 Name 的值"李四"，可以使用 Request 对象的 QueryString 集合，实现代码如下：

string StrName;
StrName = Request. QueryString["Name"];

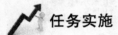 任务实施

一、通用类设计

1）在 Visual Studio 2008 集成开发环境中打开系统项目 WebNews，并在 App _ Code 文件夹节点上单击右键，在弹出的快捷菜单中选择【添加新项】命令，创建文件名为 CommonO-perator. cs 的类文件，如图 11-11 所示。

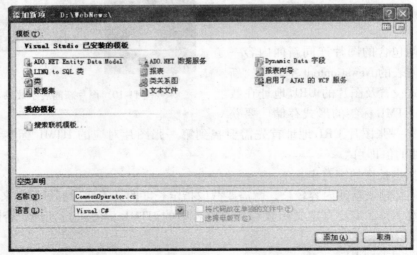

图 11-11　新建通用类文件

2）在该类文件中封装获取第一张图片地址、截取指定长度字符串等相关方法，参考代

码如下：

```csharp
// 获取新闻内容的第一张图片标签
public string GetFirstImageFlag(string strContent)
{
    string strImageFlag;
    int ImageStart, ImageEnd;
    ImageStart = strContent.IndexOf("<img", 0);
    ImageEnd = strContent.IndexOf("/>", ImageStart) + 2 - ImageStart;
    strImageFlag = strContent.Substring(ImageStart, ImageEnd);
    return strImageFlag;
}
// 获取图片的地址，即 src 属性的值
public string GetFirstImageURL(string ImageFlag)
{

    string strImageURL;
    int ImageURLStart, ImageURLEnd;
    ImageURLStart = ImageFlag.IndexOf("src=", 0);
    ImageURLEnd = ImageFlag.IndexOf("\'", ImageURLStart + 5) - ImageURLStart;
    strImageURL = ImageFlag.Substring(ImageURLStart + 5, ImageURLEnd - 5);
    return strImageURL;
}
// 截取指定长度的字符串
public string SubSring(string strOld, int intLength)
{
    string strNew = "";
    if (strOld.Length > intLength)
    {
        strNew = strOld.Substring(0, intLength);
        strNew += "...";
    }
    else
    {
        strNew = strOld;
    }
    return strNew;
}
// 字符替换
public string ReplaceString(string strAll, string charOld, string charNew)
```

```
{
    string strNew = strAll;
    strNew = strNew. Replace(charOld, charNew);
    return strNew;
}
// 清除新闻内容中的 HTML 标签
public string ParseTags(string HTMLStr)
{
    return Regex. Replace(HTMLStr, "<[^>] * >", "");
}
```

二、图片新闻展示用户控件的界面设计

1）在【解决方案资源管理器】窗口中选择 UserControls 文件夹并单击右键，在弹出的快捷菜单中选择【添加新项】命令，创建文件名为 UCImageNews. ascx 的图片新闻展示用户控件。

2）切换到 UCImageNews. ascx 文件【源】视图，添加一个 div 标签。在该标签中再添加两个 div 标签，第一个 div 标签用于设计"精品推荐"及"更多"显示；第二个 div 用于图片新闻显示。

使用无序列表 ul 对"精品推荐"及"更多"界面进行布局，添加一个用于显示"更多"超链接的 LinkButton 控件和一个用于显示>>>>>的图片控件，参考布局代码如下：

```
< div >
    < ul class = "ulStyle" >
        < li class = "Text" >精品推荐 </li >
        < li class = "More" >
            < span class = "Navia" >
                < asp:LinkButton ID = "LinkButton1" runat = "server"
            onclick = "LinkButton1 _ Click" SkinID = "lbImageNews" >更多 </asp:LinkButton >
            </span >
            < asp:Image ID = "imgMore" runat = "server" ImageUrl = " ~/Images/more. gif" / >
        </li >
    </ul >
</div >
```

相关样式设置参考代码如下：

```
/ * 无序列表样式 */
. ulStyle
{
    list-style-type：none;
```

```
        padding-top：10px；
        padding-left：0px；
        padding-right：20px；
        text-align：left；
}
/*图片新闻展示样式*/
.SupperImage
{
        width：340px；
}
/*"精品推荐"样式*/
.SupperImage .Text
{
        font-size：15px；
        font-weight：bold；
        color：#0F3D01；
        text-align：center；
        letter-spacing：10px；
}
/*"更多"样式*/
.SupperImage .More
{
        text-align：right；
        padding-right：12px；
}
/*图片新闻展示超链接样式*/
.Navi .Nvaia a
{
        text-decoration：none；
        color：#C8FEB6；
        border-right-style：solid；
        border-right-width：2px；
        border-right-color：#fff；
        padding-right：7px；
}
```

对 LinkButton 控件进行皮肤设置，参考代码如下：

```
<asp：LinkButton SkinId = "lbImageNews" runat = "server" ForeColor = "#0F3D01" >
ForeColor = "#0F3D01" > </asp：LinkButton >
```

3）在用于图片新闻显示的 div 标签中添加 DataList 按件，并设计新闻显示格式，DataList 控件参考代码如下：

```
< div >
    < asp:DataList ID = "dlImageNews" runat = "server" DataKeyField = "NewsID" >
        < ItemTemplate >
            < div class = "SupperImage" >
                < div class = "Left" > < asp:Image ID = "imgNews" runat = "server" Height = "120px"
                    Width = "130px" ImageUrl = ' < % # Eval("ImageURL"）% >'/ > </div >
                < div class = "Right" > < div class = "Title" >
                    < span class = "Navia" >
                        < asp:LinkButton ID = "lbNewsTitle" runat = "server"
                        Text = ' < % # Eval("NewsTitle"）% >'CommandName = "NewsInfor"
                        SkinID = "lbImageNews" > </asp:LinkButton > </div > </div >
                    </span >
                < div class = "Right" > < div class = "Content" > < asp:Label ID = "lblNewsContent"
                    runat = "server" Text = ' < % # Eval("NewsContent"）% >' > </asp:Label >
                </div > </div >
                < div class = "Bottom" > </div >
            </div >
        </ItemTemplate >
    </asp:DataList >
</div >
```

相关样式设置参考代码如下：

```
/ * 图片新闻展示左侧样式 * /
.SupperImage .Left
{
    text-align: center;
    width: 140px;
    height: 100px;
    float: left;
}
/ * 图片新闻展示右侧样式 * /
.SupperImage .Right
{
    text-align: left;
    width: 200px;
    float: right;
```

```
        padding-top：8px；
        padding-bottom：2px；
}
/*图片新闻展示右侧标题样式*/
. SupperImage . Right . Title
{

        text-align：center；
        font-size：13px；
        font-weight：bold；
}
/*图片新闻展示右侧内容样式*/
. SupperImage . Right #Content
{

        font-size：12px；
        padding-right：5px；
}
/*图片新闻展示底部样式*/
. SupperImage . Bottom
{

        clear：both；
        padding-bottom：10px；
}
```

三、编写代码实现功能

1）绑定新闻列表。在 UCImageNews. ascx 文件的 Page _ Load 事件中构造 T-SQL 语句以实现数据查询，参考代码如下：

```
protected void Page _ Load( object sender，EventArgs e)
{
        string strCmd = "" ；
        int intClassID = 0；
        if( ! Page. IsPostBack)
        {
            if ( Request. QueryString[ "ID" ] ! = null)
            {
                intClassID = int. Parse( Request. QueryString[ "ID" ]. ToString( ) )；
                strCmd = " select top 6 NewsID，NewsTitle，NewsContent，NewsContent as
                    ImageURL from News，SubClass where SubClass. SubID = News. SubID and
                    News. NewsFlag = 1"；
```

```
        strCmd += " and ImageFlag = 1" + " and SubClass. ClassID = " + intClassID +
            " order by NewsDate desc";
    }
    else
    {
        strCmd = "select top 6 NewsID, NewsTitle, NewsContent, NewsTitle as ImageURL
            from News where NewsFlag = 1 and ImageFlag = 1 order by NewsDate desc";
    }
    dlBind(strCmd);
}
}
```

封装 dlBind 方法，实现为 DataList 控件绑定数据，参考代码如下：

```
//绑定图片新闻
protected void dlBind(string strCmd)
{
    string strContent, strImageFlag;
    DataSet ds = new DataSet();
    SQLDataAccess sql = new SQLDataAccess();
    CommonOperator co = new CommonOperator();
    ds = sql. GetDataSet(strCmd);
    DataTable dt = ds. Tables["tempTable"];
    for (int i = 0; i < dt. Rows. Count; i++)
    {
        DataRow dr = dt. Rows[i];
        strContent = co. ReplaceString(dr["NewsContent"]. ToString(), "\"", "\'");
        dr["NewsTitle"] = co. SubSring(dr["NewsTitle"]. ToString(), 12);
        dr["NewsContent"] = co. SubSring(co. ParseTags(strContent), 100);
        strImageFlag = co. GetFirstImageFlag(strContent);
        dr["ImageURL"] = co. GetFirstImageURL(strImageFlag);
    }
    dlImageNews. DataSource = dt;
    dlImageNews. DataBind();
}
```

2）添加 DataList 控件的 ItemCommand 事件，实现单击新闻标题时跳转到新闻浏览页面，并传递参数新闻 ID，参考代码如下：

```
protected void dlImageNews _ ItemCommand(object source, DataListCommandEventArgs e)
```

```
    {
        int NewsID = 0;
        if ( e. CommandName == "NewsInfor" )
        {
            NewsID  = int. Parse( dlImageNews. DataKeys[ e. Item. ItemIndex]. ToString( ) ) ;
            Response. Redirect( "NewsView. aspx?  ID = " + NewsID) ;
        }
    }
```

3）添加【更多】按钮的单击事件，参考代码如下：

```
protected void LinkButton1 _ Click( object sender, EventArgs e)
{
    int intClassID = 0;
    if ( Request. QueryString[ "ID" ] == null)
    {
        Response. Redirect( "MoreImage. aspx" ) ;
    }
    else
    {
        intClassID = int. Parse( Request. QueryString[ "ID" ]. ToString( ) ) ;
        Response. Redirect( "MoreSubImage. aspx?  ID = " + intClassID) ;
    }
}
```

 思考与练习

1. 简述用户控件与一般页面的区别。

2. 版权信息是每一个页面底部显示的内容，自行设计并实现版权信息用户控件。

项目 12 新闻分类展示模块的设计与实现

项目 11 实现了新闻发布系统部分相同界面的用户控件的设计。本项目将用户控件及前台展示的其他内容组织起来形成系统前台页面，最终实现本书案例新闻发布系统。本项目将介绍系统首页、新闻分类展示页面等前台页面的设计思路及设计方法。

本项目涉及的知识点：母版页、内容页、GridView 控件、Repeater 控件、Table 控件、PagedDataSource 类。

任务 1 系统前台整体架构设计

教学目标

◆掌握创建母版页的方法。

◆掌握创建内容页的方法。

◆理清系统前台整体架构设计思路，设计并实现系统前台架构。

任务描述

细心的读者会发现：对于大多数 Web 应用程序而言，同一网站不同页面往往具有相同的页面布局、相同的设计风格，新闻发布系统的前台页面也不例外。新闻发布系统前台页面分两种设计布局，如图 12-1、图 12-2 所示。

以系统首页为代表的页面布局分为上、中、下三部分，中间部分又分为左、右两区域；另一种页面布局以某类图片新闻展示页面为代表，该布局分为上、中、下三部分。为方便网站的维护和修改，使用母版来实现页面的统一布局，把网站所有页面的公共元素提取出来，放在母版页中，再根据母版页来创建各个内容页。

通过观察可以发现，在项目 11 中以用户控件的形式实现了网页顶部、底部版权信息及前台首页左侧的图片新闻展示等功能。网站前台整体架构只需实现页面布局，再使用已创建的用户控件即可。母版页可以实现界面设计的模块化，并且实现代码的重用；再依据母版页创建内容页，即系统前台各页面。

知识链接

一、母版页

MasterPage（母版页）类似 Dreamweaver 中的模板，可以实现在多个页面中共享相同的页面内容。使用母版页可以简化维护、扩展及修改网站的过程，并能提供一致、统一的外观。单个母版页可以为应用程序中的所有页面（或一组页面）定义所需的外观和标准行为。母版页不能单独运行，必须与内容页相结合。当用户请求内容页时，这些内容页与母版页合并以将母版页的布局与内容页的内容组合在一起输出。

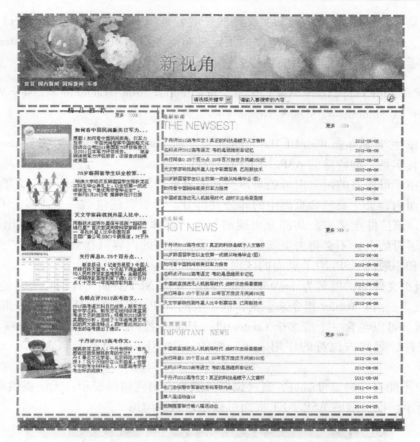

图 12-1　首页页面布局

图 12-2　国内图片新闻展示页面布局

母版页是 ASP. NET 文件，母版页文件的扩展名是. master(如 MySite. master)，它可以包括静态文本、HTML 元素和服务器控件的预定义布局。母版页由特殊的@ Master 指令识别，该指令替换了普通 ASP. NETWeb 页面中的@ Page 指令，代码如下：

```
<%@ Master Language = "C#" AutoEventWireup = "true" CodeFile = "NewsMaster. master. cs" Inherits = "Master_NewsMaster" %>
```

母版页派生于 System.Web.UI.MasterPage 类，而 MasterPage 类又继承于 UserControl 类，所以母版页其实是一种特殊的 ASP. NET 用户控件。

一个应用了母版页的网页由母版页本身和内容页两部分组分。母版页定义了每个页面的公共部分，而内容页主要包含页面中的非公共部分。母版页还包括一个或多个 Contentplace-Holder 控件，该控件定义非公共部分出现的位置；而非公共部分的具体内容出现在内容页面。若修改了母版页，不必再去更新每个内容页，所有的内容页都会改变。

母版页和一般的 ASP. NET 页面的区别：

1）母版页文件的扩展名为. master，而一般的 ASP. NET 页面文件的扩展名是. aspx。

2）母版页是由@ Master 指令来识别，而一般的 ASP. NET 页面是由@ Page 指令来识别。

3）母版页可以包含一个或多个 ContentPlaceHolder 控件，ContentPlaceHolder 控件是母版页特有的控件，起到占位符的作用。而一般的 ASP. NET 页面不能包含 ContentPlaceHolder 控件。

4）用户不能直接浏览母版页，直接浏览母版页会出现错误提示：无法提供此类型的页，如图 12-3 所示。而一般的 ASP. NET 页面可被用户直接浏览。

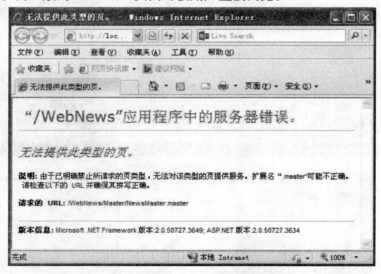

图 12-3　直接浏览母版页的错误提示

二、内容页

内容页是绑定到一个母版页的网页，其设计文件的扩展名是. aspx，与母版页的关系紧密，如果母版页不小心删除了，内容页也不能正常浏览。母版页定义了内容页的构架，而内容页则主要是各个页面的非公共部分。通过创建各个内容页来定义母版页的 ContentPlace-

Holder 控件的内容，内容页中只能包含 Content 控件，该控件是一个容器控件，可以将一般的 Web 控件、用户控件等放在 Content 控件中。但是，Content 控件不能独立使用，必须与对应的 ContentPlaceHolder 控件结合使用。

根据母版页创建的内容页，文件头自动生成代码如下：

```
< %@ Page Title = " " Language = " C#" MasterPageFile = " ~/Master/NewsMaster. master"
AutoEventWireup = " true" CodeFile = " Default. aspx. cs" Inherits = " _Default"
Theme = " NewsThemes" % >
```

@ Page 指令将内容页绑定到特定的母版页上，指令中属性说明：

➤ MasterPageFile 属性：用于指示该内容页所关联的母版页的 URL。

➤ Title 属性：用于设置网页标题。

➤ Theme 属性：用于设置网页主题。

可以在 web. config 配置文件的 pages 节点指定应用程序中的所有 Web 页都自动绑定一个母版页，代码如下：

```
< system. web >
    < pages MasterPageFile = " ~/Master/NewsMaster. master" >
</ system. web >
```

三、运行机制

母版页的执行过程：

1）用户访问内容页。

2）获取内容页后，读取@ Page 指令；若指令引用一个母版页，则读取该母版页。若是第一次请求，则对母版页和内容页进行编译。

3）母版页合并到内容页的控件树中。

4）内容页中各个 Content 控件的内容合并到母版页对应的 ContentPlaceHodler 控件中。

5）浏览器中呈现得到的合并页。

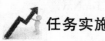 **任务实施**

一、创建母版页

1）进入 Visual Studio 2008 集成开发环境，打开 Web 应用程序 WebNews。

2）在 Web 应用程序 WebNews 中新建名为 Master 的文件夹，使用该文件夹存放所有的母版页文件。

3）在文件夹 Master 节点上单击右键，选择弹出快捷菜单中的【添加新项(W)...】命令，系统将弹出【添加新项】窗口。

4）选择 Visual Studio 已安装的模板【母版页】，在【名称】项中输入文件名称：NewsMaster. master，【语言】项设为 Visual C#，选中【将代码放在单独文件中(P)】前的复选框，单击【添加】按钮。

5）系统自动在 Web 窗体编辑区打开 NewsMaster. master 文件的【设计】视图窗口，如图12-4 所示。

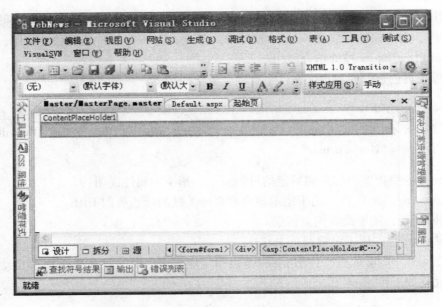

图 12-4　NewsMaster. master 文件的【设计】视图窗口

默认情况下，新创建的母版页文件会自动包含一个 ContentPlaceHolder 控件，母版页可以包含一个或多个 ContentPlaceHolder 控件，这些控件指示了根据该母版页创建的各个内容页中非公共部分的位置。

二、设计母版页

NewsMaster. master 母版页分上、中、下三个部分，中间部分又分左、右两个区域。其中母版顶部显示 UCTopNavi. ascx 用户控件，底部显示 UCBottom. ascx 用户控件，左侧显示 UCImageNews. ascx 用户控件。注册用户控件参考代码如下：

```
< % @  Register src = " .. /UserControls/UCBottom. ascx" tagname = " UCBottom"
    tagprefix = " uc1"  % >
< % @  Register src = " .. /UserControls/UCTopNavi. ascx"  tagname = " UCTopNavi"
    tagprefix = " uc2"  % >
< % @  Register src = " .. /UserControls/UCImageNews. ascx"  tagname = " UCImageNews"
    tagprefix = " uc3"  % >
```

设计页面布局参考代码如下：

```
< body class = " NewsBody" >
    < form id = " form1"  runat = " server" >
    < div class = " BodyContent" >
        < div id = " Head" >
            < uc2 : UCTopNavi ID = " UCTopNavi1"  runat = " server"  / >
        < /div >
        < div id = " Middle" >
```

```
        < div id = " Left" >
            < uc3 : UCImageNews ID = " UCImageNews1" runat = " server" / >
        </ div >
        < div id = " Right" >
            < asp : ContentPlaceHolder ID = " cphContent" runat = " server" >
            </ asp : ContentPlaceHolder >
        </ div >
        < div style = " clear : both ;" ></ div >
    </ div >
    < div id = " Bottom1" >
        < uc1 : UCBottom ID = " UCBottom1" runat = " server" / >
    </ div >
    </ div >
    </ form >
</ body >
```

相关样式设置参考代码如下：

```
. NewsBody
{
    text-align : center ;
    background-image : url( '. . /Images/bg. gif ') ;
}
. BodyContent
{
    width : 1000px ;
    background-color : #FFFFFF ;
    margin : 0px ;
}
#Head
{ }
#Middle
{
    text-align : left ;
}
#Left
{
    width : 360px ;
    float : left ;
```

```
    }
    #Right
    {
        width：640px；
        float：right；
        text-align：left；
        vertical-align：top；
        padding-top：8px；
    }
    #Bottom
    {
        height：20px；
        padding-top：8px；
        background-color：#155E11；
    }
```

三、创建内容页

完成母版页的创建，然后依据母版页创建内容页，具体步骤如下：

1）在打开的【解决方案资源管理器】窗口中，选择站点应用程序 WebNews，单击右键，在弹出的快捷菜单中选择【添加新项(W)...】命令，系统将弹出【添加新项】窗口。

2）在【添加新项】窗口中，选择 Visual Studio 已安装的模板【Web 窗体】，在【名称】项中输入文件名称 Default. aspx(注意，文件名称可以自行定义，但是文件的扩展名必须是. aspx，不能修改)，【语言】项设为 Visual C#，选中【将代码放在单独文件中(P)】前的复选框，同时选中【选择母版页(S)】前的复选框，如图 12-5 所示，单击【添加】按钮。

图 12-5 【添加新项】窗口

3）系统弹出【选择母版页】窗口，如图 12-6 所示。在左侧【项目文件夹（P）】区域列出了当前 Web 应用程序中所有的项目，选择母版页所在文件夹 Master，则右侧【文件夹内容（C）】区域中将列出该文件夹中所有母版页文件。选择要依据的母版页文件，单击【确定】按钮。

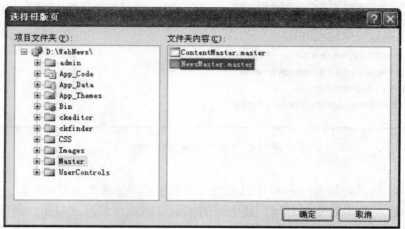

图 12-6　【选择母版页】窗口

4）系统自动在 Web 窗体编辑区打开新创建的内容页文件，可以根据需要在其【设计】视图中设计相应的内容页。

切换到新建的内容页【源】视图，内容页 Content 控件通过 ContentPlaceHolderID 属性与母版页中的占位符相关联。代码如下：

```
<asp:Content ID="Content1" ContentPlaceHolderID="cphContent" Runat="Server">
</asp:Content>
```

 思考与练习

1. 简述母版页与网页的区别。
2. 设计图 12-2 所示母版页，并命名为 ContentMaster.master。

任务 2　三大类新闻列表展示功能的设计与实现

 教学目标

◆掌握 GridView 控件 HyperLinkField 列的使用方法。
◆学会使用主题、皮肤美化页面。
◆理清三大类新闻列表展示功能设计思路，设计并实现其功能。

 任务描述

系统首页文件右侧显示了"最新新闻"、"热点新闻"和"重要新闻"三大类新闻列表。现以"最新新闻"为例讲述三大类新闻列表展示功能设计与实现，设计效果如图 12-7 所示。

最新新闻
THE NEWSEST   更多 > >>>

于丹评2012高考作文：真正的科技是赋予人文情怀	2012-06-08
名师点评2012高考语文 考的是思维而非记忆	2012-06-08
央行降息0.25个百分点 20年百万房贷月供减150元	2012-06-08
天文学家称找到外星人比中彩票容易 已用新技术	2012-06-08
20岁韩国留学生以全校第一成绩从哈佛毕业(图)	2012-06-08
如何看中国民间版美日军力报告	2012-06-08
中国或直接进无人机航母时代 战时攻击场景震撼	2012-06-08

图 12-7   "最新新闻"设计效果

"最新新闻"展示新闻表(News)中以发布时间倒序排列的前 7 条新闻数据。为方便查阅，只显示新闻标题及新闻的发布时间，其中新闻标题以超链接的形式显示，新闻发布时间以 yyyy-mm-dd 的格式显示。单击新闻标题将跳转到新闻详细信息页面，显示该条新闻的详细内容。

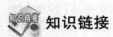 知识链接

GridView 控件 HyperLinkField 列

GridView 控件 HyperLinkField 列实现以超链接的形式显示所绑定的数据。超链接的文本可以指定，也可以将数据源中的数据列作为链接文本。同样，超链接的 URL 可以指定，也可以从数据源中获取。一般情况下，单击超链接传递主键参数，于是便可在其他页面显示其详细信息。

HyperLinkField 列常用属性及说明详见表 12-1。

表 12-1   HyperLinkField 列常用属性及说明

属　　　性	说　　　明
DataNavigateUrlFields	设置"HyperLinkField"列绑定到超链接的 NavigateURL 属性的字段
DataNavigateUrlFormatString	对绑定到超链接的 NavigateURL 属性的值应用的格式设置，例如，"page. aspx? id = {0}"
DataTextField	设置"HyperLinkField"列绑定到超链接文本属性的字段
HeaderText	设置"HyperLinkField"列标头显示文本

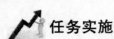 任务实施

一、"最新新闻"界面设计

1）在【解决方案资源管理器】中打开任务 1 创建的内容页 Default. aspx。

2）切换到 Default. aspx 文件【源】视图，添加 div 标签，并在该标签中添加两个 Image 控

件、一个 LinkButton 控件和一个 GridView 控件，分别设置控件的属性。属性设置详见表12-2。

表 12-2　"最新新闻"添加控件的属性设置

控　件	属　性	属　性　值
第一个 Image 控件	ID	Image3
	ImageUrl	~/Images/TitleNew.gif
第二个 Image 控件	ID	ImgNewMore
	ImageUrl	~/Images/more.gif
	CssClass	More
LinkButton 控件	ID	lbNewNews
	CssClass	More
	Text	更多
GridView 控件	ID	gvNewNews
	SkinID	gvDefault
	GridLines	None

3）选择 GridView 控件任务窗口中的【编辑列】命令，打开【字段】窗口，添加一个 Hyper-LinkField 列和一个 BoundField 列，如图 12-8 所示。属性设置详见表12-3。

图 12-8　【字段】窗口

表 12-3　GridView 控件添加列的属性设置

控　件	属　性	属　性　值
HyperLinkField	DataNavigateUrlFields	NewsID
	DataNavigateUrlFormatString	NewsView.aspx?ID={0}
	DataTextField	NewsTitle
BoundField	DataField	NewsDate
	DataFormatString	{0:yyyy-MM-dd}

4）参考代码如下：

```
< div class = "MoreStyle" >
    < div class = "Left" >< asp:Image ID = "Image3" runat = "server"
        ImageUrl = " ~/Images/TitleNew. gif" / ></div >
        < div class = "Right" >
            < asp:LinkButton ID = "lbNewNews" runat = "server" CssClass = "More"
                onclick = "lbNewNews_Click" >更多 </asp:LinkButton >
            < asp:Image ID = "ImgNewMore" runat = "server" ImageUrl = " ~/Images/more. gif"
                CssClass = "More" / ></div >
        < div class = "Bottom" >
        < asp:GridView ID = "gvNewNews" runat = "server" SkinID = "gvDefault"
                GridLines = "None" >
        < Columns >
            < asp:HyperLinkField DataNavigateUrlFields = "NewsID"
                DataNavigateUrlFormatString = "NewsView. aspx? ID = {0}" DataTextField
        = "NewsTitle" >
            < ItemStyle Width = "480px"    CssClass = "gvDot"  / >
        </asp:HyperLinkField >
        < asp:BoundField DataField = "NewsDate" DataFormatString = " {0:yyyy-MM-dd}" >
                < ItemStyle HorizontalAlign = "Center" Width = "80px"    CssClass = "gvDot" / >
            </asp:BoundField >
        </Columns >
        </asp:GridView >
    </div >
</div >
```

相关样式设置参考代码如下：

```
. MoreStyle
{
    border:1px solid #003300;
    padding-bottom:18px;
    padding-left:8px;
    padding-top:8px;
}
. MoreStyle . Left
{
    height:55px;
    float:left;
```

```
    }
.MoreStyle .Right
    {
        height：35px；
        width：200px；
        float：right；
        padding-top：35px；
    }
.MoreStyle .Bottom
    {
        clear：both；
        padding-top = -5px；
    }
/ * 设置列表项底纹 * /
.gvDot
    {
        border-bottom-style：dotted；
        border-bottom-width：1px；
        border-bottom-color：#69645A；
        padding-left：8px；
    }
```

对 GridView 控件设置皮肤，皮肤设置参考代码如下：

```
<asp：GridView SkinId = "gvDefault" runat = "server" ShowHeader = "false"
    AutoGenerateColumns = "false" >
        <RowStyle Height = "23px" HorizontalAlign = "Left" / >
</asp：GridView >
```

二、"最新新闻"展示功能实现

在 Default.aspx 文件中，添加 Page_Load 事件绑定最新新闻，参考代码如下：

```
SQLDataAccess sql = new SQLDataAccess()；
protected void Page_Load(object sender, EventArgs e)
{
    if (! Page.IsPostBack)
    {
        gvNew()；
    }
}
```

```
//绑定最新新闻
protected void gvNew( )
{
    string strCmd = "select top 7 NewsID,NewsTitle,NewsDate from News where
        NewsFlag = 1 order by NewsDate desc";
    DataSet ds = new DataSet( );
    ds = sql. GetDataSet( strCmd);
    gvNewNews. DataSource = ds;
    gvNewNews. DataBind( );
}
```

为 LinkButton 控件添加 Click 事件，参考代码如下：

```
protected void lbNewNews_Click( object sender, EventArgs e)
{
    //跳转到更多页面,参数 1 表示最新新闻
    Response. Redirect( "MoreNews. aspx? ID = 1");
}
```

 思考与练习

1. 设计并实现"热点新闻"列表展示功能。
2. 设计并实现"重要新闻"列表展示功能。
3. 设计新闻搜索展示页面，并实现功能。具体要求如下：
（1）分页显示搜索结果。
（2）显示搜索结果列表时，如果新闻包含图片，则显示图文提示。
（3）显示搜索结果列表时，要求显示搜索关键字。

任务3　新闻内容展示功能的设计与实现

 教学目标

◆掌握 Repeater 控件使用方法。
◆熟悉内容页的创建方法。
◆理清新闻内容展示功能设计思路，设计并实现新闻内容展示功能。

任务描述

新闻内容展示功能实现将某条新闻详细信息显示出来，包括新闻标题、发布日期、点击次数、新闻内容等，实现效果如图 12-9 所示。单击新闻标题超链接会跳转到新闻内容展示页面，该页面不能直接浏览。

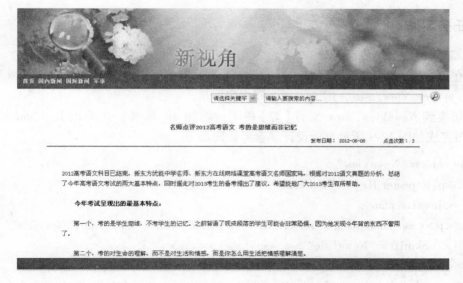

图 12-9　新闻内容展示功能效果

当单击新闻标题超链接时，不仅要跳转到新闻内容展示页面，还需要将新闻编号传递到该页面。新闻内容展示页面需要获取传递的新闻编号，并以此为条件在新闻表（News）中执行查询操作，最终将查询结果显示出来。Repeater 控件可使用户灵活地进行布局设置，并按设计要求显示数据。

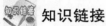 知识链接

一、Repeater 控件概述

Repeater 控件是一个设计灵活的数据绑定控件，该控件可以根据模板定义的样式重复显示数据源中的数据，没有内嵌编辑、分页、排序等功能。Repeater 控件没有内置的布局与样式，不能直接在【设计】视图中设计，必须在控件所创建的相应模板内显示声明页面布局、格式设置和样式标签。正因为该控件没有默认外观，所以可以通过灵活使用模板，创建多种不同形式的数据列表；配合样式设置实现对界面元素的精确定位。

二、Repeater 控件模板

Repeater 控件包含 5 个模板，详见表 12-4。

表 12-4　Repeater 控件模板

模　板	说　明
ItemTemplate	数据项模板，定义列表项的内容和布局。该项是必选项
AlternatingItemTemplate	交替数据项模板，如果定义该模板，则确定交替显示项的内容和布局。该项中的数据隔行显示一次
HeaderTemplate	页眉模板，如果定义该模板，则确定列表标头的内容和布局。该模板不能执行数据绑定。该项在数据绑定行呈现之前显示一次
FooterTemplate	页脚模板，如果定义该模板，则确定列表脚注的内容和布局。该模板不能执行数据绑定。该项在数据绑定行呈现之后显示一次
SeparatorTemplate	分隔模板，如果定义该模板，则在各个项目之间呈现分隔符。该模板不能执行数据绑定。可以使用任意合法的字符作为分隔符

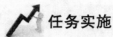 **任务实施**

一、新闻内容展示界面设计

1）在【解决方案资源管理器】窗口中依据任务 1 习题创建的母版页 ContentMaster. master 新建内容页 NewsView. aspx，用于实现新闻内容展示。

2）切换到 NewsView. aspx 文件【源】视图，添加 div 标签，并添加 Repeater 控件。在【源】视图完成如图 12-9 所示页面设计。参考代码如下：

```
< div class = "NewsView" >
  < asp:Repeater ID = "rViewNews" runat = "server" >
  < ItemTemplate >
  < p >< asp:Label runat = "server" ID = "NewsTitle" Text = ' <% #Eval("NewsTitle") % >'
      SkinID = "NewsTitle" ></asp:Label ></p >
  < div class = "NewsElse" >
  < asp:Label runat = "server" ID = "lblDateText" Text = "发布日期:" ></asp:Label >
  < asp:Label runat = "server" ID = "lblNewsDate"
      Text = ' <% #Eval("NewsDate","{0:yyyy-MM-dd}") % >' ></asp:Label >
            
  < asp:Label runat = "server" ID = "lblHitText" Text = "点击次数:" ></asp:Label >
  < asp:Label runat = "server" ID = "lblHitNum" Text = ' <% #Eval("HitNum")
      % >' ></asp:Label >
  </div >
  < hr style = "color:Green;" width = "90%" / >
  < div class = "NewsContent" >
  < asp:Label runat = "server" ID = "lblContent" Text = ' <% #Eval("NewsContent") % >'
      SkinID = "NewsContent" ></asp:Label >
  </div >
  </ItemTemplate >
  </asp:Repeater >
</div >
```

相关样式设置参考代码如下：

```
.NewsView
{
    text-align: center;
    padding: 50px 20px 20px 20px;
    height: 300px;
    overflow: visible;
    width: 960px;
```

```
        }
    . NewsView . NewsElse
    {
        text-align: right;
        padding-right:60px;
    }
    . NewsView . NewsContent
    {
        padding: 20px 80px 20px 80px;
        text-align: left;
    }
```

为显示新闻标题及新闻内容的 Label 控件设置皮肤，皮肤设置参考代码如下：

```
< asp:Label SkinId = "NewsTitle" runat = "server" Font-Bold = "true" Font-Size = "14px"
    ForeColor = "#0F3D01" ></asp:Label >
< asp:Label SkinId = "NewsContent" runat = "server" cssClass = "LableStyle" ></asp:
    Label >
```

二、新闻内容展示功能实现

为 NewsView. aspx 文件添加 Page_Load 事件绑定新闻内容，参考代码如下：

```
SQLDataAccess sql = new SQLDataAccess();
protected void Page_Load(object sender, EventArgs e)
{
    int NewsID = 0;
    if (!Page. IsPostBack)
    {
        if (Request. QueryString["ID"] != null)
        {
            NewsID = int. Parse(Request. QueryString["ID"]. ToString());
            reBind(NewsID);
            updateHitNum(NewsID);  //更新浏览次数
        }
        else
        {
            Response. Redirect("Default. aspx");
        }
    }
}
```

```
//绑定新闻内容
protected void reBind( int NewsID)
{
    string strCmd = "Select NewsTitle,NewsContent,NewsDate,HitNum from News where
        NewsID = " + NewsID;
    DataSet ds = new DataSet( );
    ds = sql. GetDataSet( strCmd);
    rViewNews. DataSource = ds;
    rViewNews. DataBind( );
}
```

新闻内容展示页面每打开一次，说明该条新闻被浏览了一次，封装更新浏览次数方法，参数代码如下：

```
//修改新闻点击次数
protected void updateHitNum( int NewsID)
{
    string strCmd = "update News set HitNum = HitNum + 1 where NewsID = " + NewsID;
    sql. GetAffectedLine( strCmd);
}
```

 思考与练习

1. 简述 Repeater 控件的功能。
2. 使用 Repeater 控件实现新闻内容展示页面。

任务4　新闻按类别分类展示功能的设计与实现

 教学目标

◆掌握 Table 控件的常用属性。
◆掌握 Table 控件 Rows 属性和 Cells 属性的常用方法。
◆学会使用 Table 控件实现页面布局。
◆理清新闻按类别分类展示功能设计思路，设计并实现新闻按类别分类展示功能。

 任务描述

当单击新闻类别导航中的某一新闻大类时，便跳转到新闻按类别分类展示页面。该页面左侧实现某新闻大类的"精品推荐"，即该类别图片新闻展示；右侧实现新闻按新闻小类分类别显示，这些新闻小类都属于该新闻大类。新闻按类别分类展示页面的效果如图12-10 所示。

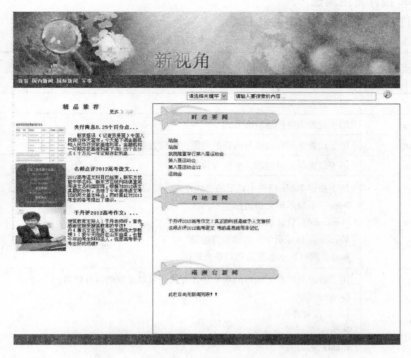

图 12-10　新闻按类别分类展示页面的效果

通过分析不难发现，实现本次任务的关键问题有以下三个：

➢ 获取新闻大类类别 ID。

以查询字符串形式传递新闻大类 ID，Request 对象的 QueryString 集合可以获取该ID。

➢ 获取新闻大类所包含的新闻小类 ID 列表。

根据新闻大类 ID，在新闻小类表（SubClass）中执行查询操作，获取该新闻大类所包含的新闻小类 ID 列表。

➢ 获取新闻大类所包含的新闻列表，并分类显示。

获取新闻大类所包含的新闻小类 ID 列表；再根据获取的新闻小类 ID，在新闻表（News）中执行查询操作，获取新闻列表，并按图 12-10 设计效果显示。如果某新闻小类中尚无新闻列表，则显示"此栏目尚无新闻列表！！"。

 知识链接

一、Table 控件概述

通常使用 Table 控件在页面中以编程方式生成通用表。Table 控件需要与 TableCell 控件（单元格）和 TableRow（表行）控件配合使用。

以编程方式生成表时，需要先创建表对象，再创建表行对象，使用 Rows 集合的 Add 方法将表行添加到表中；然后创建单元格对象，使用 Cells 集合 Add 方法将单元格添加到表行中；通过单元格对象的 Text 属性设置单元格显示文本。

二、Table 控件常用属性

Table 控件常用属性及说明详见表 12-5。

表 12-5 Table 控件常用属性及说明

属 性	说 明
BackImageUrl	用于设置表格的背景图像的 URL
Caption	用于设置表格标题
CaptionAlign	用于设置表格标题对齐方式
CellPadding	用于设置单元格边框与内容的间距，单位为像素
CellSpacing	用于设置单元格间距，单位为像素
GridLines	用于指定 Table 控件中显示的格线样式，可以设置的属性值为： None：不显示单元格边框 Horizontal：只显示单元格的水平边框 Vertical：只显示单元格的垂直边框 Both：同时显示水平边框和垂直边框
HorizontalAlign	用于指定表格在页面中的水平对齐方式，可以设置的属性值为： Center：居中 Left：左对齐 NoSet：未设置 Right：右对齐 Justify：表的内容均匀展开，与左右边距对齐
Rows	表示表格中的行集合

Rows 属性常用属性/方法及说明详见表 12-6。

表 12-6 Rows 属性常用属性/方法及说明

属性/方法	说 明
Count 属性	表示 Rows 集合的元素个数，即表的行数
Add 方法	用于添加一个 TableRow 对象，即向表中添加一行
Remove 方法	用于移除一个 TableRow 对象，即从表中移除一行

TableRow 对象常用属性及说明详见表 12-7。

表 12-7 TableRow 对象常用属性及说明

属 性	说 明
Cells 属性	表示表行中单元格的集合
HorizontalAlign 属性	用于设置行内容的水平对齐方式
VerticalAlign 属性	用于指定行内容的垂直对齐方式，可以设置的属性值： NotSet：未设置对齐方式 Top：行内容与行的上边缘对齐 Middle：行内容在垂直方向居中对齐 Bottom：行内容与行的下边缘对齐

TableRow 对象 Cells 属性常用属性/方法及说明详见表 12-8。

表 12-8　Cells 属性常用属性/方法及说明

属性/方法	说　　明
Count 属性	表示 Cells 集合的元素个数，即列数
Add 方法	用于添加一个新的 TableCell 对象，即向表行添加一个单元格
Remove 方法	用于移除一个 TableCell 对象，即从表行中移除一个单元格

 任务实施

新闻按类别分类展示页面实现步骤：

一、新闻按类别分类展示界面设计

1）在【解决方案资源管理器】窗口中依据任务 1 创建的母版页 NewsMaster. master 新建内容页 SubNews. aspx，用于实现新闻按类别分类展示。

2）切换到 SubNews. aspx【源】视图，添加 div 标签，并添加 Table 控件。在【源】视图完成如图 12-10 所示页面设计。参考代码如下：

```
< div class = "SubNewsList" >
    < asp:Table runat = "server" ID = "tabSubNews" CellPadding = "0" CellSpacing = "0" >
    CellSpacing = "0" ></asp:Table >
</div >
```

二、新闻按类别分类展示功能实现

1）为 SubNews. aspx 文件添加 Page_Load 事件，实现数据绑定。参考代码如下：

```
SQLDataAccess sql = new SQLDataAccess( );
protected void Page_Load( object sender, EventArgs e)
{
    int ClassID = 0;
    if ( !Page. IsPostBack)
    {
        if ( Request. QueryString[ "ID" ] != null)
        {
            ClassID = int. Parse( Request. QueryString[ "ID" ]. ToString( ) );
            tabBind( ClassID );
        }
        else
        {
            Response. Redirect( "Default. aspx" );
        }
    }
}
```

tabBind()方法实现绑定某新闻大类中各小类新闻，参考代码如下：

```
1  protected void tabBind( int ClassID)
2  {
3      string strCmd = "", strSubName = "";
4      int SubID, NewsID;
5      strCmd = "select SubID from subClass where SubFlag = 1 and ClassID = " + ClassID;
6      DataSet ds = new DataSet();
7      ds = sql. GetDataSet( strCmd);
8      DataTable dt = new DataTable();
9      dt = ds. Tables["tempTable"];
10     ArrayList listSubID = new ArrayList();
11     for (int i = 0; i < dt. Rows. Count; i ++)
12     {
13         listSubID. Add( dt. Rows[i]["SubID"]);
14     }
15     foreach (object obj in listSubID)
16     {
17         SubID = int. Parse( obj. ToString());
18         strCmd = "select SubName from SubClass where SubID = " + SubID;
19         strSubName = sql. GetFirLineFirColumn( strCmd). ToString ();
20         strCmd = "select top 6 NewsID, NewsTitle, ImageFlag from News Where
                   NewsFlag = 1 and SubID = " + SubID;
21         DataSet dsNews = new DataSet ();
22         dsNews = sql. GetDataSet( strCmd);
23         DataTable dtNews = new DataTable ();
24         dtNews = dsNews. Tables["tempTable"];
25         TableRow row = new TableRow ();
26         tabSubNews. Rows. Add( row);
27         if( strSubName != "")
28         {
29             TableCell cell = new TableCell ();
30             cell. CssClass = "CellStyle";
31             cell. Text = " < h3 >" + strSubName + " </h3 >";
32             cell. Text + = " < ul class = 'ulCell ' >";
33             if( dtNews. Rows. Count > 0)
34             {
35                 for( int j = 0; j < dtNews. Rows. Count; j ++)
36                 {
```

```
37                         NewsID = int. Parse( dtNews. Rows[ j] [ "NewsID"]. ToString( ) ) ;
38                         cell. Text + = " < li  class = 'liCell ' > < a  href = 'NewsView. aspx?
                           ID = " + NewsID + "' > ";
39                         cell. Text + = dtNews. Rows[ j] [ "NewsTitle"]. ToString( ) + " </
                           a ></li > ";
40                     }
41                 }
42             else
43             {
44                 cell. Text + = " < li >此栏目尚无新闻列表!!  </li > ";
45             }
46         cell. Text + = " </ul > ";
47         row. Cells. Add( cell) ;
48         }
49     }
50 }
```

代码功能描述:

第 5～9 行:获取某新闻大类所包含的新闻小类 ID 列表,并将其保存到 dt 中。

第 10～14 行:遍历 dt 中的新闻小类 ID,并将新闻小类 ID 保存到 listSubID 集合中。

第 15～49 行:以 listSubID 集合中的元素(新闻小类 ID)为循环条件,查询该新闻小类名称,以及该新闻小类包含的新闻信息并显示。

第 17～19 行:获取对应的新闻小类名称。

第 20～24 行:获取新闻小类包含的前 6 条新闻列表。

第 25～26 行:创建数据行 row,并将其添加到 ID 为 tabSubNews 的 Table 控件中。

第 27～48 行:如果新闻小类名称不为空,则执行如下操作。

第 30～32 行:设置单元格显示文本及显示文本样式。

第 33～45 行:如果新闻小类包含新闻列表,则使用 Table 控件分类别显示新闻列表;否则显示"此栏目尚无新闻列表!!"。

第 35～40 行:循环输出新闻列表。

第 37 行:获取某行新闻的新闻 ID。其中,Rows[j] ["NewsID"] 表示获取第 j 行 NewsID 字段的值。

第 38～39 行:设置单元格显示带超链接的新闻标题,同时传递查询字符串变量 ID。其中,ID 的值是该行新闻的新闻 ID;Rows[j] ["NewsTitle"] 表示获取第 j 行 NewsTitle 字段的值。

第 47 行:将单元格 cell 添加到数据行 row 中。

相关样式设置参考代码如下:

```
. SubNewsList
{
    border：1px solid #003300；
}
/ * 单元格样式 * /
. CellStyle
{
    height：200px；
    vertical-align：top；
}
/ * 新闻小类名称样式 * /
h3
{
    font-size：15px；
    font-weight：bold；
    color：#0F3D01；
    text-align：left；
    padding-left：100px；
    padding-top：28px；
    letter-spacing：10px；
    background-image：url('../../Images/NewsTitle.jpg')；
    height:42px；
    width:227px；
}
/ * 显示新闻列表的无序列表样式 * /
. ulCell
{
    list-style-type：none；
    padding-left：0px；
    padding-right:20px；
    text-align：left；
    padding-bottom：-5px；
}
/ * 显示新闻列表的无序列表项样式 * /
. liCell
{
    line-height：18px；
}
```

思考与练习

1. 简述 Rows 属性常用的属性及方法。
2. 简述 Cells 属性常用的属性及方法。

任务 5　更多图片新闻展示功能的设计与实现

教学目标

◆掌握使用 DataList 控件实现图文并茂的页面设计方法。
◆掌握 PagedDataSource 类的常用属性。
◆学会使用 PagedDataSource 类实现分页功能。
◆理清更多图片新闻展示功能设计思路，设计并实现更多图片新闻展示功能。

任务描述

更多图片新闻展示分两种情况：

第一种情况：在系统首页单击"精品推荐"中的"更多"，实现分页显示所有图片新闻，显示顺序以发布时间倒序排列。

第二种情况：在新闻按类别分类展示页面单击"精品推荐"中的"更多"，实现分页显示该新闻大类所包含图片新闻，显示顺序以发布时间倒序排列。

现以第二种情况为例讲述更多图片新闻展示功能，实现效果如图 12-2 所示。

知识链接

一、PagedDataSource 类概述

PagedDataSource 类提供了一些用来对数据进行分页的功能。特别是，当整个数据集都存储在缓存中时，该类将自动检索特定页面的记录并自动返回适合特定页面的记录。

使用 PagedDataSource 类进行数据绑定控件的分页显示时，首先将从数据库中读取出来的数据源指定给 PagedDataSource 对象的 DataSource 属性，然后设置 PagedDataSource 对象与分页相关的属性，最后将 PagedDataSource 对象作为数据绑定控件的数据源，从而实现分页功能。

二、PagedDataSource 类常用属性

PagedDataSource 对象常用属性及说明详见表 12-9。

表 12-9　PagedDataSource 对象常用属性及说明

属　　性	说　　明
AllowCustomPaging	获取或设置是否启用自定义分页的值
AllowPaging	获取或设置是否启用分页的值
Count	获取要从数据源使用的项数，返回值取决于是否启用分页以及是否使用自定义分页
CurrentPageIndex	获取或设置当前页的索引

（续）

属 性	说 明
DataSource	获取或设置数据源
DataSourceCount	获取数据源中的项数
FirstIndexInPage	获取页面中显示的首条记录的索引
IsCustomPagingEnabled	获取一个值，该值指示是否启用自定义分页
IsFirstPage	获取一个值，该值指示当前页是否是第一页
IsLastPage	获取一个值，该值指示当前页是否是最后一页
IsPagingEnabled	获取一个值，该值指示是否启用分页
IsReadOnly	获取一个值，该值指示数据源是否是只读的
PageCount	获取并显示数据源中的所有项所需要的总页数
PageSize	获取或设置要在单页上显示的项数

PagedDataSource 对象通过其 DataSource 属性获取要进行分页的缓存中的数据。获取缓存中的数据可以通过以下方式实现：ConnectionString 属性定义数据库的名称和位置以及连接凭据，SelectCommand 属性设置获取数据所用的命令文本，使用数据适配器和 DataTable 对象检索整个结果集，并将结果保存在缓存中。

值得注意的是，PagedDataSource 对象的 DataSource 属性只接受 IEnumerable 对象（有关 IEnumerable 对象的内容请查看相关资料）。DataTable 不满足此要求若将 DataTable 指定为 PagedDataSource 对象的数据源，需要使用它的 DefaultView 属性。

 任务实施

一、更多图片新闻展示界面设计

1）在【解决方案资源管理器】窗口中依据任务 1 习题创建的母版页 ContentMaster. master 新建内容页 MoreSubImage. aspx，用于实现某类别更多图片新闻展示。

2）切换到 MoreSubImage. aspx 文件【源】视图，添加 div 标签，并添加四个 Label 控件、一个 DataList 控件和四个 LinkButton 控件，实现如图 12-2 所示页面效果。其中，LinkButton 控件用于实现分页导航。控件属性设置详见表 12-10。

表 12-10 控件属性设置

控 件	属 性	属 性 值
Label 控件	ID	lblFlag
	ID	lblTxt
	Text	当前页码：
	ID	lblPageNum
	Text	1
	ID	lblPageSum
LinkButton 控件	ID	lbFirst
	Text	第一页
	ID	lbPrevious

（续）

控　件	属　性	属　性　值
LinkButton 控件	Text	上一页
	ID	lbNext
	Text	下一页
	ID	lbLast
	Text	最后一页
DataList 控件	ID	dlImageNews
	DataKeyField	NewsID
	RepeatColumns	5
	RepeatDirection	Horizontal
	ShowFooter	false

3）在 DataList 控件 ItemTemplate 模板中添加 Image 控件和 LinkButton 控件，分别显示图片新闻的第一张图片及新闻标题。设置 Image 控件和 LinkButton 控件属性，详见表 12-11。

表 12-11　Image 控件和 Link Button 控件属性设置

控　件	属　性	属　性　值
Image 控件	ID	imgNews
	Height	120px
	ImageUrl	< % # Eval（"ImageURL"）% >
	Width	150px
LinkButton 控件	ID	lbNewsTitle
	Text	< % # Eval（"NewsTitle"）% >
	Width	170px
	CommandName	NewsInfor

4）界面设计参考代码如下：

```
< div class = "SearchNews" >< div class = "Left" >
    < span class = "SmallSpace" >
      < asp:Label ID = "lblFlag" runat = "server" ></asp:Label ></span ></div >
    < div class = "Right" ></div >
    < div class = "Bottom" ></div ></div >
< p >< div class = "MoreBorderStyle" >
  < asp:DataList ID = "dlImageNews" runat = "server" DataKeyField = "NewsID"
      RepeatColumns = "5" RepeatDirection = "Horizontal" ShowFooter = "false" >
      < ItemTemplate >
          < asp:Image ID = "imgNews" runat = "server" Height = "120px"
              ImageUrl = '< % # Eval（"ImageURL"）% >'Width = "150px" / >
```

```
                <br / ><div >
                <asp:LinkButton ID = "lbNewsTitle" runat = "server" Text = ' <%# Eval("Ne-
                    wsTitle") %>'
                    Width = "170px" CommandName = "NewsInfor" ></asp:LinkButton >
        </div ></ItemTemplate ></asp:DataList ><div >
        <asp:Label ID = "lblTxt" runat = "server" Text = "当前页码:" ></asp:Label >
        [ <asp:Label ID = "lblPageNum" runat = "server" Text = "1" ></asp:Label > ]/
        [ <asp:Label ID = "lblPageSum" runat = "server" ></asp:Label > ]
              
        <asp:LinkButton ID = "lbFirst" runat = "server" >第一页 </asp:LinkButton >
        <asp:LinkButton ID = "lbPrevious" runat = "server" >上一页 </asp:LinkButton >
        <asp:LinkButton ID = "lbNext" runat = "server" >下一页 </asp:LinkButton >
        <asp:LinkButton ID = "lbLast" runat = "server" >最后一页 </asp:LinkButton >
    </div ></div ></p >
```

相关样式设置参考代码如下:

```
.SearchNews
{
    width:850px;
    text-align:center;
    padding-left:20px;
}
.SearchNews .Left
{
    width: 305px;
    height: 62px;
    float: left;
    background-image: url('../Images/NewsSearch.jpg');
    padding-top: 50px;
    padding-left:30px;
    font-size: 15px;
    font-weight: bold;
    letter-spacing: 10px;
    color: #092101;
}
.SearchNews .Left .SmallSpace
{
    letter-spacing: 0px;
```

```
    }
. SearchNews . Right
    {

        width：490px；
        float：right；
        text-align：left；
        padding-top：40px；
        padding-left：25px；
    }
. SearchNews . Bottom
    {

        clear：both；
    }
```

二、编写代码实现功能

1）在 MoreSubImage. aspx 文件中添加 Page_Load 事件，实现页面加载时数据绑定。参考代码如下：

```
    protected void Page_Load( object sender，EventArgs e)
    {

        int ID = 0；
        if (！ Page. IsPostBack)
        {

            if (Request. QueryString[ "ID"] != null)
            {

                ID = int. Parse( Request. QueryString[ "ID"]) ；
                dlBind( ID) ；
            }
            else
            {

                Response. Redirect( "Default. aspx") ；
            }
        }
    }
```

dlBind( )方法实现绑定各新闻小类的图片新闻列表，参考代码如下：

```
1 protected void dlBind( int ID)
2 {
3     string strCmd = " "，strContent，strImageFlag，strClassName = " "；
```

```
4      strCmd = " select NewsID, NewsTitle, NewsContent, NewsTitle as ImageURL,
           MainClass. ClassName from News, MainClass, SubClass where
           MainClass. ClassID = SubClass. ClassID and SubClass. SubID = News. SubID and
           News. ImageFlag = 1 and MainClass. ClassID = " + ID;
5      DataSet ds = new DataSet( ) ;
6      SQLDataAccess sql = new SQLDataAccess( ) ;
7      CommonOperator co = new CommonOperator( ) ;
8      ds = sql. GetDataSet( strCmd) ;
9      DataTable dt = ds. Tables[ " tempTable" ] ;
10     for ( int i = 0 ; i < dt. Rows. Count; i + + )
11     {
12         DataRow dr = dt. Rows[ i ] ;
13         strClassName = dr[ " ClassName" ] . ToString( ) ;
14         strContent = co. ReplaceString( dr[ " NewsContent" ] . ToString( ) , " \" " , " \' " ) ;
15         dr[ " NewsTitle" ] = co. SubSring( dr[ " NewsTitle" ] . ToString( ) , 12 ) ;
16         dr[ " NewsContent" ] = co. SubSring( co. ParseTags( strContent) , 100 ) ;
17         strImageFlag = co. GetFirstImageFlag( strContent) ;
18         dr[ " ImageURL" ] = co. GetFirstImageURL( strImageFlag) ;
19     }
20     PagedDataSource pds = new PagedDataSource( ) ;
21     pds. DataSource = dt. DefaultView;
22     pds. AllowPaging = true;
23     pds. PageSize = 15 ;
24     lblPageSum. Text = pds. PageCount. ToString( ) ;
25     int CurrentPage = int. Parse( lblPageNum. Text. ToString( ) ) ;
26     pds. CurrentPageIndex = CurrentPage - 1 ;
27     lbFirst. Enabled = true;
28     lbPrevious. Enabled = true;
29     lbNext. Enabled = true;
30     lbLast. Enabled = true;
31     if ( CurrentPage == 1 )
32     {
33         lbFirst. Enabled = false;
34         lbPrevious. Enabled = false;
35     }
36     if ( CurrentPage == pds. PageCount)
37     {
38         lbNext. Enabled = false;
```

```
39        lbLast. Enabled = false;
40    }
41    lblFlag. Text = strClassName + " ----图片新闻";
42    dlImageNews. DataSource = pds;
43    dlImageNews. DataBind( );
44 }
```

代码功能描述：

第 20 行：创建 PagedDataSource 对象 pds。

第 21 行：指定 pds 的数据源。

第 22 行：设置 PagedDataSource 对象 pds 启用分页。

第 23 行：设置每页显示 15 项数据。

第 24 行：设置 ID 为 lblPageSum 的 Label 控件显示总页数。

第 25 行：获取当前页，并保存到 CurrentPage 变量中。

第 26 行：设置 PagedDataSource 对象 pds 显示当前页。

第 27 ~ 30 行：设置四个 LinkButton 控件可用。

第 31 ~ 35 行：如果当前页为第一页，设置表示"第一页"和"上一页"的 LinkButton 控件不可用。

第 36 ~ 40 行：如果当前页为最后一页，设置表示"下一页"和"最后一页"的 LinkButton 控件不可用。

第 41 ~ 42 行：将 PagedDataSource 对象 pds 作为 DataList 控件的数据源，执行数据绑定。

2）为 DataList 控件添加 ItemCommand 事件，实现跳转到新闻内容展示页功能，同时传递新闻 ID。参考代码如下：

```
protected void dlImageNews_ItemCommand(object source, DataListCommandEventArgs e)
{
    int NewsID = 0;
    if ( e. CommandName== "NewsView")
    {
        NewsID = int. Parse(dlImageNews. DataKeys[e. Item. ItemIndex]. ToString ( ));
        Response. Redirect("NewsView. aspx? ID = " + NewsID);
    }
}
```

3）为实现分页导航的 LinkButton 控件添加 Click 事件，实现分页浏览功能。参考代码如下：

```
1 protected void lbFirstPage_Click(object sender, EventArgs e)
2 {
3     int ClassID = int. Parse(Request. QueryString["ID"]. ToString ( ));
```

```
4       lblPageNum. Text = "1";
5       dlBind(ClassID);
6   }
7 protected void lbPreviousPage_Click(object sender, EventArgs e)
8   {
9       int ClassID = int. Parse(Request. QueryString["ID"]. ToString());
10      lblPageNum. Text = (int. Parse(lblPageNum. Text. ToString())-1). ToString();
11      dlBind(ClassID);
12  }
13 protected void lbNextPage_Click(object sender, EventArgs e)
14  {
15      int ClassID = int. Parse(Request. QueryString["ID"]. ToString());
16      lblPageNum. Text = (int. Parse(lblPageNum. Text. ToString())+1). ToString();
17      dlBind(ClassID);
18  }
19 protected void lbLastPage_Click(object sender, EventArgs e)
20  {
21      int ClassID = int. Parse(Request. QueryString["ID"]. ToString());
22      lblPageNum. Text = lblPageSum. Text;
23      dlBind(ClassID);
24  }
```

代码功能描述：

第 1 ~ 6 行：表示"第一页"LinkButton 控件的 Click 事件

第 3 行：获取新闻 ID。

第 4 行：设置 ID 为 lblPageNum 的 Label 控件的显示文本为 1。ID 为 lblPageNum 的 Label 控件用于显示当前页。

第 5 行：调用 dlBind() 方法执行数据绑定。

第 7 ~ 12 行：表示"上一页"的 LinkButton 控件的 Click 事件。

第 10 行：设置 ID 为 lblPageNum 的 Label 控件的显示文本减 1。

第 13 ~ 18 行：表示"下一页"的 LinkButton 控件的 Click 事件。

第 16 行：设置 ID 为 lblPageNum 的 Label 控件的显示文本加 1。

第 19 ~ 24 行：表示"最后一页"的 LinkButton 控件的 Click 事件。

第 22 行：设置 ID 为 lblPageNum 的 Label 控件的显示文本为总页数。

 思考与练习

1. 简述 PagedDataSource 控件实现分页功能的步骤。

2. 使用 PagedDataSource 控件实现 DataList 控件的分页功能。

项目 13　新闻发布系统的发布、打包与安装

Web 应用程序开发并调试完毕，需要搭建 Web 服务器对外发布。这样，用户就可以通过 Web 浏览器浏览发布后的 Web 应用程序。本项目不仅介绍 ASP. NET Web 应用程序一般的发布过程，还将介绍如何生成自动化的安装程序以实现系统自动部署，从而使客户方便地使用系统，减少程序部署工作量。

本项目涉及的知识点：系统编译、IIS 安装与配置、打包、安装。

任务1　系统编译与发布

 教学目标

◆学会使用 Visual Studio 2008 发布 Web 应用程序。
◆掌握安装 IIS 的步骤。
◆掌握配置 IIS 服务器的方法。

 任务描述

使用 ASP. NET 技术开发的 Web 应用程序常用的 Web 服务器是 IIS。IIS 的全称是 Internet Information Servers，即 Internet 信息服务。IIS 是 Windows 操作系统的系统组件，在安装操作系统的时候，如果采用系统默认安装（而不是手动安装），一般情况下不会安装 IIS 组件。手动安装 IIS 需要准备以下条件之一。

1）与 Web 服务器操作系统一致的系统安装盘，要求服务器必须配备光驱。

2）从网上下载的 IIS 5.0 以上版本的应用程序。

Web 服务器要成功调试、运行 ASP. NET Web 应用程序，除了要安装 IIS 5.0 以上版本外，还需要安装 .NET Framework SDK v3.5。可以从网上下载 .NET Framework SDK v3.5 安装包，并安装在服务器端。

 知识链接

编译 ASP. NET 程序

ASP. NET 应用程序是编译执行的，所有源代码会编译成 DLL 文件。默认情况下，当用户通过 IE 浏览器首次发送请求页面时，将动态编译 ASP. NET 网页和代码文件，所以导致用户第一次访问网站时缓慢。第一次编译网页和代码文件之后，会缓存编译后的资源，这样将缩短对同一页面请求的响应时间。

ASP. NET 还可以预编译整个站点，然后再部署到 Web 服务器，提供给用户使用。预编译整个站点有以下几个好处：

1）可以加快用户的响应时间，因为页面和代码文件在第一次被请求时无需编译。这点对于经常更新的大型站点来说尤其有用。

2）可以在用户看到站点之前识别编译时产生的 bug（错误）。

3）编译后的代码要比非编译的源代码更难进行反向工程处理，因为编译后的代码缺乏高级语言所具有的可读性和抽象性。此外，模糊处理工具增强了编译后的代码对抗反向工程处理的能力。

4）可以创建站点的已编译版本，并将该版本部署到服务器，而无需使用源代码。

在发布网站之前，最好先关闭调试功能。打开系统配置文件 web. config，修改 compilation 节点的 debug 属性的值为 false，则调试功能被关闭。如果保留 debug 的值为 true，则会降低系统的性能。参考代码如下：

```
< compilation debug = " false" / >
```

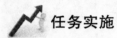 **任务实施**

一、发布网站

使用 Visual Studio 2008 发布网站步骤如下：

1）在 Visual Studio 2008 集成开发环境中打开新闻发布系统——WebNews。选择【解决方案资源管理器】窗口中的 Web 站点根目录并单击右键，在弹出的快捷菜单中选择【发布网站（H）】命令，系统将弹出【另存文件为】窗口，输入要保存的解决方案文件的文件名后单击【确定】按钮，系统将弹出【发布网站】窗口，如图 13-1 所示。

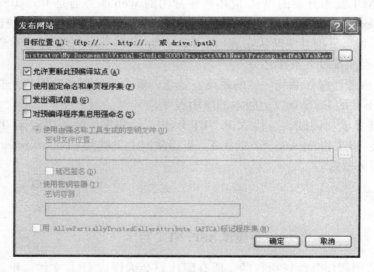

图 13-1　发布网站

2）选择发布网站的目标位置。通常将发布后的网站保存到一个文件夹中，例如在 F 盘下创建一个名为 WebNews 的文件夹，并选择该文件夹，其他选项保持不变，单击【确定】按钮。

【发布网站】窗口选项说明如下：

【允许更新此预编译站点(A)】复选框是默认勾选的，选择该项将执行部署和更新的预编译，指定.aspx 页面中的内容将保留原样，不编译到程序集中；而服务器端代码被编译到程序中，这样可以在预编译站点后更改页面的 HTML 标签或客户端功能。如果没有选择该项，页面中的所有代码都会被放到动态链接库文件中，预编译后不能更改任何内容。

【使用固定命名和单页程序集(F)】复选框：勾选该复选框表示在预编译过程中将关闭批处理，以生成带有固定名称的程序集。

【对预编译程序集启用强命名(S)】复选框：勾选该复选框表示指定使用密钥文件或密钥容器使生成的程序集具有强命名，以便对程序集进行编码并防止被恶意篡改。

3）发布成功后，该 Web 站点下的所有编译后的文件都保存到创建的文件夹中。而且所有的源代码都被编译为.DLL 文件，这样可以保护程序的源代码。

二、安装 IIS

现以 Windows XP 操作系统为例说明 IIS 的安装方法，具体步骤如下：

1）将 Windows XP 操作系统的光盘放入光驱中。

2）选择【开始】菜单的【设置】选项中的【控制面板】命令，打开【控制面板】窗口，双击【添加/删除程序】图标，打开【添加或删除程序】窗口，如图 13-2 所示。

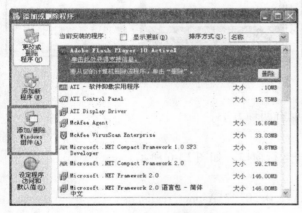

图 13-2　添加或删除程序

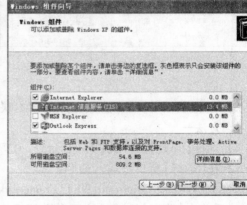

图 13-3　Windows 组件向导

3）在【添加或删除程序】窗口中选择【添加/删除 Windows 组件(A)】选项卡，打开【Windows 组件向导】窗口，如图 13-3 所示。

4）在【Windows 组件向导】窗口中，选中【Internet 信息服务(IIS)】组件，单击【详细信息(D)】按钮，打开【Internet 信息服务(IIS)】窗口，选择要安装的 Internet 信息服务(IIS)子组件，单击【确定】按钮，关闭【Internet 信息服务(IIS)】窗口。单击【下一步】按钮开始安装 IIS 服务器组件。

如果成功安装 IIS，IE 浏览器会自动打开，呈现图 13-4 和图 13-5 所示内容。

三、为 IIS 注册 ASP.NET 应用程序的脚本映射

安装 IIS 和安装 Visual Studio 2008 的顺序十分重要，如果先安装 Visual Studio 2008，再安装 IIS，会出现 IIS 不能浏览 ASP.NET 文件的情况；反之若先安装 IIS，再安装 Visual Studio 2008 则不会出现这样的问题。原因很简单，如果是先安装了 . NET Framework，再安装 IIS,在 IIS 的应用程序脚本映射里就不会有 ASP. NET 程序的映射。. NET Framework 提供了自动注册工具 Aspnet_regiis. exe，该文件一般情况下放在系统路径下，由于操作系统不同，路径略有不同。例如：如果使用安装在 C 盘下的 Windows XP 操作系统，安装的是. NET Framework v3. 5 版本的话，该文件的路径为 C：\WINDOWS\Microsoft. NET\Framework\v2. 0. 50727\Aspnet_regiis. exe。

图 13-4　欢迎界面　　　　　　　　　　　　图 13-5　信息服务文档界面

为 IIS 注册 ASP. NET 应用程序的脚本映射有两种方法。

1. 方法一

1）选择【开始】菜单的【运行】命令，打开运行窗口，如图 13-6 所示。

2）在【运行】窗口中输入命令：

C：\WINDOWS\Microsoft. NET\Framework\v2. 0. 50727\Aspnet_regiis. exe -i

然后单击【确定】按钮或按回车键即可。-i 参数的意义是安装 ASP. NET 的此版本，并更新 IIS 元数据库根节点的脚本映射和根以下的所有脚本映射，现有的低版本脚本映射升级到此版本。

2. 方法二

从 Visual Studio 2008 的安装路径中找到 . NET Framework提供的自动注册工具 Aspnet_regiis. exe，双击直接运行即可。

图 13-6　运行窗口

四、配置 IIS 服务器

IIS 服务器安装完成之后，还需要配置 IIS 服务器，发布网站。配置 IIS 服务器的步骤如下：

1）从【开始】菜单选择【设置】→【控件面板】→【性能和维护】→【管理工具】→【Internet 信息服务】图标，打开【Internet 信息服务】窗口，如图 13-7 所示，打开【Internet 信息服务】窗口左侧目录树的【默认网站】。

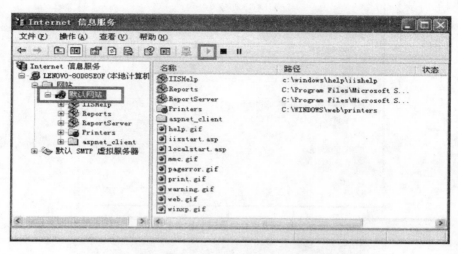

图 13-7 【Internet 信息服务】窗口

注意操作系统不同，打开【Internet 信息服务】窗口的步骤略有不同。

2）在打开的【Internet 信息服务】窗口的【默认网站】上单击右键，在打开的快捷菜单中选择【属性】命令，即可打开【默认网站 属性】窗口，该窗口默认打开了【网站】选项卡，如图 13-8 所示。

3）在【网站】选项卡中设置网站的网站标志：IP 地址、TCP 端口。IP 地址是访问该网站的地址，可以是主机的实际 IP 地址，也可以采用默认值。若采用默认值（一般在调试时采用），则使用本机的保留地址 127.0.0.1 或 LocalHost。TCP 端口默认使用 80 端口，也可以更改，若更改了 TCP 端口，则在访问该网站时，需要在地址中指明端口号。例如，IP 地址使用默认

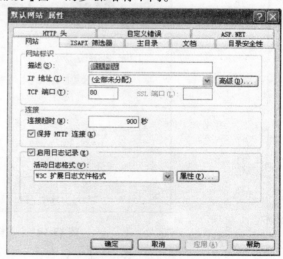

图 13-8 【网站】选项卡

地址，端口号改为：808，则在浏览网页时，在 IE 浏览器地址栏中输入：

http://localhost:808/文件夹/文件名称.文件扩展名

4）打开【默认网站 属性】窗口中的【主目录】选项卡，设置网站的本地路径，将本地路径指向发布后的 Web 应用程序文件夹 F:\WebNews，如图 13-9 所示。

5）打开【默认网站 属性】窗口中的【文档】选项卡，设置网站默认文档。默认选中【启用默认文档(C)】前的复选框，如图 13-10 所示。

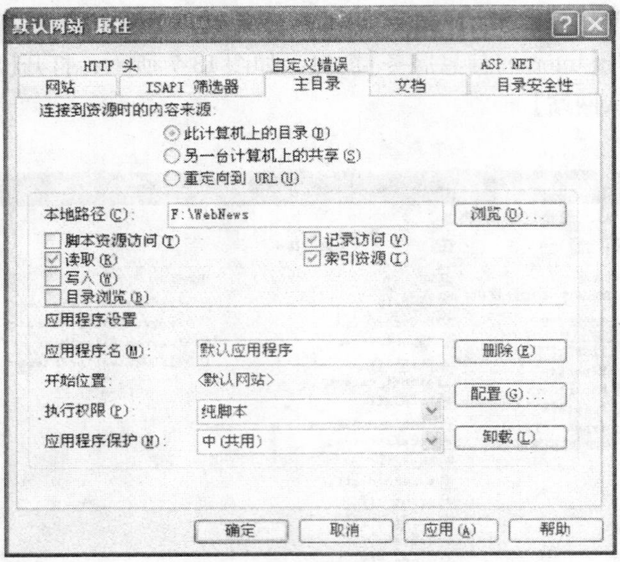

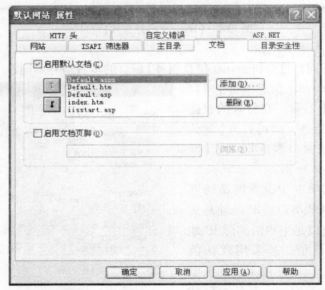

图 13-9　【主目录】选项卡

图 13-10　【文档】选项卡

　　如果系统首页文件名没有显示在默认文档列表中，单击【添加】按钮，在打开的【添加默认文档】窗口中输入系统首页文件名，单击【确定】按钮，如图 13-11 所示。

　　单击【文档】选项卡中的 ⬆ 按钮或 ⬇ 按钮，改变默认文档的访问顺序。单击【删除】按钮，删除不需要的默认文件名。

　　浏览 Web 应用程序时，若不指定默认文档，

图 13-11　添加默认文档

则服务器会按照【文档】选项卡中设置顺序,在站点文件夹下依次查找所有文件,找到后显示,否则显示错误提示页。一般情况下,设置网站的默认文档为该 Web 应用程序的首页文件。

6）打开【默认网站 属性】窗口中的【目录安全性】选项卡,设置是否允许用户匿名访问。在【匿名访问和身份验证控制】中单击【编辑】按钮,系统将弹出【身份验证方法】窗口如图 13-12 所示。一般情况下,设置允许用户匿名访问,选中【身份验证方法】窗口的【匿名访问】复选框即可。

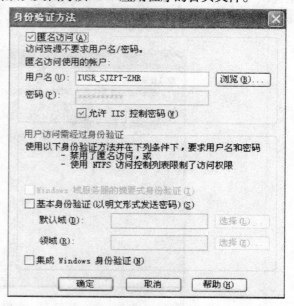

7）单击【应用】按钮,再单击【确定】按钮,退出【默认网站 属性】设置。

至此网站发布成功,在 IE 浏览器中输入地址即可浏览该网站。

需要指出的是,图 13-7 所示的窗口中▶按钮不可用,说明当前的服务器状态为开启状态。单击【操作】菜单的【停止(P)】命令或【暂停(A)】命令可停止或暂

图 13-12 【身份验证方法】窗口

停该服务。单击【操作】菜单中的【启动(S)】命令可再次开启服务。使用工具栏中的■、Ⅱ、▶按钮也可以实现【暂停(A)】、【停止(P)】、【启动(S)】服务的功能。

一台 Web 服务器不仅可以发布一个 Web 应用程序,还可以发布多个 Web 应用程序。同时发布多个 Web 应用程序时,需要通过 IIS 来创建虚拟目录。创建虚拟目录的步骤如下:

1）打开【Internet 信息服务】窗口左侧目录树的【默认网站】,显示如图 13-7 所示窗口。

2）在【默认网站】上单击右键,在打开的快捷菜单中选择【新建(N)】→【虚拟目录(V)…】命令,打开【虚拟目录创建向导】窗口,如图 13-13 所示。

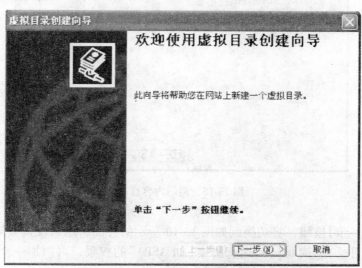

图 13-13 【虚拟目录创建向导】窗口

3）单击【下一步】按钮，将切换到如图 13-14 所示界面。该界面要求为所创建的虚拟目录提供一个简短的名称或别名，该别名用于对发布的 Web 应用程序的访问。例如，新闻发布系统可以使用别名"WebNews"，通俗易懂，又方便记忆。

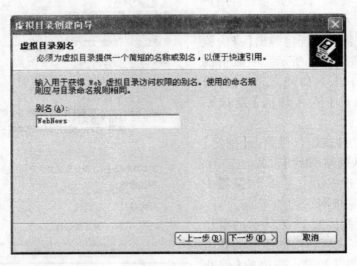

图 13-14　虚拟目录别名

4）单击【下一步】按钮，将切换到如图 13-15 所示的界面。该界面要求输入要发布的 Web 应用程序所在的位置，单击【浏览（R）…】按钮，找到该程序编译后所在的文件夹，单击【确定】按钮，返回图 13-15 所示界面。

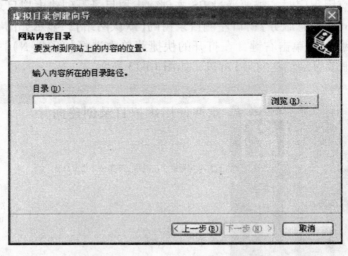

图 13-15　网站内容目录

5）单击【下一步】按钮，将切换到如图 13-16 所示的界面，用以设置虚拟目录访问权限。默认情况下虚拟目录有"读取"和"运行脚本（如 ASP）"的权限，再添加一个"浏览"的权限。单击【下一步】按钮，虚拟目录创建完成。

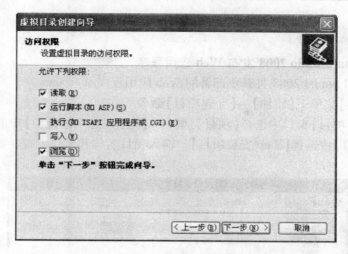

图 13-16　虚拟目录访问权限

6）在图 13-7 所示的窗口中就会添加一个以"WebNews"为别名的虚拟目录。这时，用户就可以浏览该 Web 应用程序了。有一点值得注意，在浏览器地址栏中输入 IP 地址后，需要在 IP 地址后面输入虚拟目录别名，在虚拟目录别名后再输入要访问的文件名。

例如：http://202. 206. 83. 179/WebNews/Default. aspx。

注意：发布网站的 Web 服务器必须关闭防火墙，否则该 Web 应用程序不能被用户访问。

 思考与练习

1. 如何编译 Web 应用程序，编译前后 Web 应用程序有什么不同？
2. 如何安装 IIS？
3. 如何为 IIS 注册 ASP. NET 应用程序的脚本映射？
4. 如何使用 IIS 发布.NET 技术开发的 Web 应用程序？成功发布后使用 IE 浏览器查看运行结果。

任务 2　打包和安装

 教学目标

◆学会使用 Visual Studio 2008 打包 Web 应用程序。
◆学会安装打包后的 Web 应用程序。

 任务描述

配置、发布 Web 应用程序对于一般用户来讲比较复杂。一般用户熟悉安装程序，安装程序有相关提示信息，按提示安装便可使用。本次任务主要讲解使用 Visual Studio 2008 创建安装项目并打包。

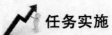任务实施

一、使用 Visual Studio 2008 发布 Web 应用程序

1）使用 Visual Studio 2008 打开要部署的 Web 应用程序 WebNews。

2）选择【文件】菜单下【添加】→【新建项目】命令。

3）在【添加新项目】窗口中选择【项目类型（P）】为【其他项目类型】中的【安装和部署】，在右侧的【模板（T）】中选择【Web 安装项目】，输入项目名称和保存位置，如图 13-17 所示。

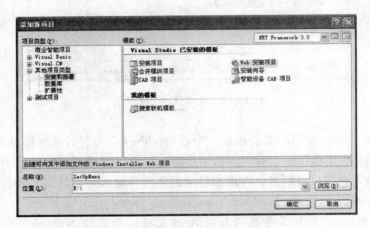

图 13-17　创建安装项目

4）单击【确定】按钮打开【文件系统】编辑器，如图 13-18 所示。在【Web 应用程序文件夹】处单击右键，选择弹出的快捷菜单中的【添加】→【项目输出】命令，系统将弹出【添加项目输出组】窗口。该窗口自动选择 WebNews 为关联项目，如图 13-19 所示，单击【确定】按钮。

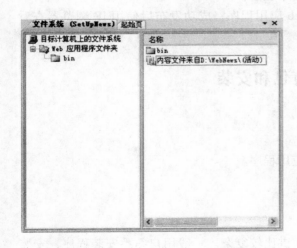

图 13-18　【文件系统】编辑器　　　　　　　　　图 13-19　添加项目输出组

5) 在【解决方案资源管理器】窗口中"SetUpNews"安装项目上单击右键,在弹出的菜单 (如图 13-20 所示)中选择【重新生成】命令。待安装项目全部重新生成成功后,再次在"Set-UpNews"安装项目处单击右键,在弹出的快捷菜单中选择的【安装】命令。

6) 安装程序的第一步是版权申明,弹出【欢迎使用 SetUpNews 安装向导】窗口,如图 13-21 所示。

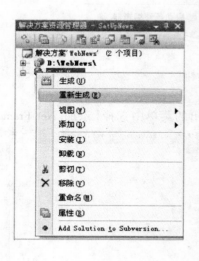

图 13-20　弹出式菜单

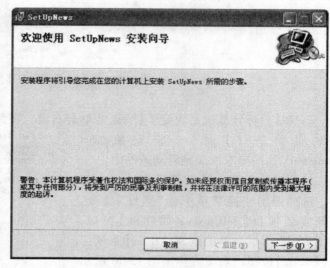

图 13-21　【欢迎使用 SetUpNews 安装向导】窗口

7) 单击【下一步】按钮,弹出【选择安装地址】窗口,如图 13-22 所示。可以修改虚拟目录名称,也可以保持默认值不变。在此保持默认值不变,为 SetUpNews。

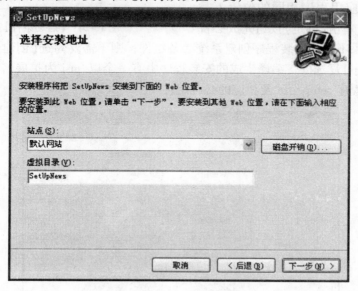

图 13-22　选择安装地址

8) 单击【下一步】按钮开始安装,安装完毕后关闭向导。这样,安装向导就自动创建了虚拟目录,在浏览器中输入 http://localhost/SetUpNews/就可以访问该 Web 应用程序了。

二、创建安装项目

将 Web 应用程序添加到项目输出组后，可将项目封装到安装程序中，这样就可以以任意方式发布该安装程序。具体步骤如下：

1）单击【解决方案资源管理器】窗口中的【启动条件编辑器】按钮，如图 13-23 所示。系统将弹出【启动条件】窗口，如图 13-24 所示。在该窗口中已定义了启动条件 IIS 条件。

图 13-23　【启动条件编辑器】按钮

2）在【目标计算机上的要求】节点处单击右键，在弹出的菜单中选择【添加. Net Framework 启动条件】命令，将安装 . Net Framework 这一要求添加到启动条件中。

3）在"SetUpNews"安装目录处单击右键，选择弹出快捷菜单中的"属性"命令，打开安装项目【SetUpNews 属性页】窗口，如图 13-25 所示。单击该窗口中的【系统必备(P)...】按钮，系统将弹出图 13-26 所示的【系统必备】窗口，在该窗口中可以指定安装程序的系统必备组件及下载路径。

4）设置【指定系统必备组件的安装位置】为【从与我的应用程序相同的位置下载系统必备组件】，单击【确定】按钮完成必备

图 13-24　【启动条件】窗口

组件的设置。如果不必为安装程序创建系统必备组件，则不需要勾选【创建用于安装系统必备组件的安装程序】复选框，编译生成的安装程序中有一个以 . msi 为扩展名的文件，否则还要生成一个引导程序 setup. exe 及相应的必备组件。

图 13-25　【SetUpNews 属性页】窗口

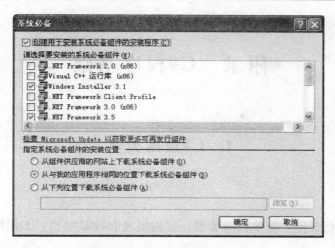

图 13-26　【系统必备】窗口

5）选择【生成】菜单中的【生成 SetUpNews】命令，建立安装程序，如图 13-27 所示。等成功生成后，在 SetUpNews 安装项目的 Debug 文件夹中可以看到图 13-28 所示文件。

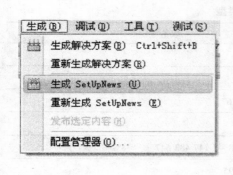

图 13-27　生成 SetUpNews

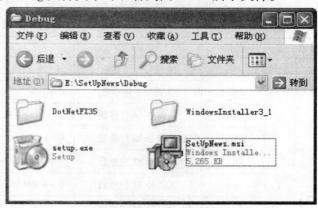

图 13-28　Debug 文件夹

➤ setup. exe：安装文件，用于未安装 Windows Installer 服务器的计算机。

➤ SetUpNews. msi：安装文件，用于未安装 Web 应用程序和已安装 Windows Installer 服务器的计算机。

双击安装文件 SetUpNews. msi 启动安装程序，弹出项目安装向导，按照向导步骤即可安装应用程序。卸载应用程序时，重新启动 SetUpNews. msi 文件，在弹出的项目安装向导中选择【删除 Web 安装项目】选项，单击【完成】按钮即可删除应用程序。

 思考与练习

1. 简述使用 Visual Studio 2008 发布 Web 应用程序的步骤。
2. 简述创建安装项目的步骤。

附录 C#程序基础

1 C#数据类型

1.1 值类型

C#的值类型包括 3 种：简单数据类型、结构类型和枚举类型。不同的数据类型是不同数据的集合。

1.1.1 简单数据类型

简单数据类型包括整型、浮点型、小数型、字符型和布尔型，简单数据类型的关键字、大小/精度和取值范围见附录表 1。

附录表 1 C#简单数据类型

数据类型	关键字	大小/精度	取值范围
整型	sbyte	有符号 8 位整数	$-128 \sim 127$
	byte	无符号 8 位整数	$0 \sim 255$
	short	有符号 16 位整数	$-32\ 768 \sim 32\ 767$
	ushort	无符号 16 位整数	$0 \sim 65\ 535$
	int	有符号 32 位整数	$-2\ 147\ 483\ 648 \sim 2\ 147\ 483\ 647$
	uint	无符号 32 位整数	$0 \sim 4\ 294\ 967\ 295$
	long	有符号 64 位整数	$-9\ 223\ 372\ 036\ 854\ 775\ 808 \sim 9\ 223\ 372\ 036\ 854\ 775\ 807$
	ulong	无符号 64 位整数	$0 \sim 188\ 446\ 744\ 073\ 709\ 551\ 615$
浮点型	float	占 32 位，7 位精度	$\pm(1.5 \times 10^{-45} \sim 3.4 \times 10^{38})$
	double	占 64 位，15 ～ 16 位精度	$\pm(5.0 \times 10^{-324} \sim 1.7 \times 10^{308})$
小数型	decimal	占 128 位，28 ～ 29 位精度	$1.0 \times 10^{-28} \sim 7.9 \times 10^{28}$
字符型	char	16 位 Unicode 字符	$U+0000 \sim U+ffff$
布尔型	bool	占 8 位	true 或 false

1.1.2 结构类型

结构类型的使用方法与类的使用非常类似，但使用结构类型不用创建引用，可以有效地节省空间。

结构类型的语法格式：

```
struct 结构类型名{结构类型成员列表}[;]
```

举例：

```
public struct Student{
    public string strName;
    public string strAddress;
    public int nAge;
};　　//定义一个学生结构，包括姓名、住址和年龄
```

1.1.3 枚举类型

枚举类型是一组命名的常量集合，其中每一个元素称为一个枚举成员，均对应一个常量值，该常量默认从 0 开始，每个成员对应的值依次加上 1。

枚举类型的语法格式：

```
enum 枚举名{枚举成员列表}[；]
```

举例：

```
enum Weekdays{Sunday,Monday,Tuesday,Wednesday,Thursday,Friday,Saturday};
```

其中，枚举成员 Sunday、Monday、Tuesday、Wednesday、Thursday、Friday、Saturday 分别对应整数 0、1、2、3、4、5、6。

1.2 引用类型

值类型变量存储它所代表的实际数据，而引用类型的变量存储实际数据的引用。C#的引用类型包括 4 种：类类型（class-type）、数组类型（array-type）、接口类型（interface-type）和委托类型（delegate-type）。

1.2.1 类类型

类是面向对象编程的基本单位。类包含数据成员和函数成员。数据成员包括常量、字段（域）和事件；函数成员包括方法、属性、构造函数和析构函数等。类支持单继承，若使用接口可以实现多继承。**注意**：函数成员中的"属性"是指 5.1.3 节中介绍的类的动态属性。

类的定义格式如下：

```
[类修饰符] class 类名 [:基类类名]
{
    类体
}
```

举例：

```
class Student{
//字段声明
private string strName;
private int nAge;
```

```
//方法
public void Show( ) {
Console. WriteLine( "姓名为:{0},年龄为{1}",strName,nAge); }
}
```

1.2.2　数组类型

1. 数组类型——Array

Array 由多个类型相同的数组元素组成,可以通过数组名和下标(或者称为索引)来访问每一个数组元素。数组下标从 0 开始。数组可以有多个维度,由具有一个下标的数组元素构成的数组称为一维数组,依此类推,二维数组、……、多维数组。

一维数组定义格式:数组类型[ ] 数组名;

二维数组定义格式:数组类型[,] 数组名;

举例:

```
string[ ] strArr = new string [4]{ "Sunday", "Monday", "Tuesday", "Wednesday"};
int[ , ] intArr = new int [2,2]{{1,3}{5,9}};
```

2. 特殊的数组——集合类型

集合(ArrayList)位于 System. Collections 命名空间。ArrayList 可以理解为特殊的数组,数组的容量是固定的,但 ArrayList 可以根据需要进行增减,其常用的方法如下:

add(object value):用于向集合中增加元素 value。

Insert(int index, object value):用于插入元素 value 到 index 索引位置。

Remove(object obj):用于移除元素 obj。

Cleart( ):用于移除 ArrayList 中的所有元素。

举例:

```
ArrayList arraylist = new ArrayList( );
arraylist. Add( "Chinese");
arraylist. Add( "English");
```

结果为:arraylist[0]的元素值为"Chinese",arraylist[1]的元素值为"English"。

1.2.3　接口类型

C#中的接口只定义未实现的属性和方法,因此接口不能实例化对象,但一个类可以实现多个接口,解决了 C#只允许类的单继承问题。

接口类型的语法格式:

```
[接口修饰符] interface 接口名
{
    接口的成员
}
```

举例:定义一个"形状"接口,包括计算形状的周长和面积两个方法成员。

```
public interface IShape{
    double Circum();        //计算周长的方法
    double Area();          //计算面积的方法
}
```

1.2.4 委托类型

委托是一个可以引用方法的对象,当创建一个委托时就创建了一个引用方法的对象,进而可以调用该方法。

委托类型的语法格式:

［修饰符］delegate 返回类型 委托号(参数列表);

例如:

声明一个委托:public delegate void SampleDelegate(int k);

声明一个委托对象:SampleDelegate SD;

实例化委托:SD = new SampleDelegate(myclass. mymethod);

需要说明的是,myclass 是自定义的类,mymethod 方法是 myclass 中与 SampleDelegate 的参数类型相同的方法。

2　常量与变量

2.1　常量

常量,即在程序运行过程中不能被改变的量,其可以是任何一种 C#的数据类型。声明常量的语法格式:

const 类型标识符 常量名 = 表达式;

2.2　变量

变量,与常量相对应,指在程序运行过程中可以变化的量。变量必须有变量名,以便区分不同的变量。变量名必须是合法的标识符,要求必须是字母、数字和下划线的组合,不能以数字开头,且不能与 C#中的关键字同名。定义变量时,需要为变量指定数据类型,变量的数据类型决定了存储在变量中的数值的类型。声明变量的语法格式:

变量类型 变量名 1[,变量名 2,……];

C#中的关键字见附录表 2。

附录表 2　C#关键字

abstract	as	base	bool	break	byte	case	catch
char	checked	class	const	continue	decimal	default	delegate

（续）

do	double	else	enum	event	explicit	extern	false
finally	fixed	float	for	foreach	get	goto	if
implicit	in	int	interface	internal	is	lock	long
namespace	new	null	object	operator	out	override	params
partial	private	protected	public	readonly	ref	return	sbyte
sealed	set	short	sizeof	stackalloc	static	string	struct
switch	this	throw	true	try	typeof	uint	ulong
unchecked	unsafe	ushort	using	virtual	volatile	void	while

3　运算符和表达式

3.1　运算符

在 C#中，根据运算符所要求的操作数的个数不同，运算符可分为"一元运算符"、"二元运算符"和"多元运算符"；根据运算的类型不同，运算符又可分为以下几类：赋值运算符、算术运算符、关系运算符、逻辑运算符、条件运算符和其他运算符。

C#中常用的运算符见附录表 3。

附录表 3　C#中常用的运算符

种类	运算符	意　义	示　例
赋值运算符	=	将"="右边的值赋给左边的变量	a = 10 a + = 3　//复合赋值
算术运算符	+	取正或加法	+20、10 + 17
	−	取负或减法	− 5、13 − 8
	*	乘法	8 * k
	/	除法	18/3、12.5/2.0
	%	取余	9%3 为 0
	++	自增运算	j ++、++j
	−−	自减运算	j −−、−−j
关系运算符	>	大于	i >6 说明：如果 i 为大于 6 的值表达式结果为 true，如果 i 为小于等于 6 的值则表达式结果为 false
	<	小于	i < 10 说明：如果 i 为小于 10 的值表达式结果为 true，如果 i 为大于等于 10 的值则表达式结果为 false
	> =	大于等于	与">"类似，包括等于的情况
	< =	小于等于	与"<"类似，包括等于的情况

（续）

种类	运算符	意　义	示　　例
关系运算符	！=	不等于	i！=10 说明：如果 i 为不等于 10 的值表达式结果为 true，如果 i 等于 10 则表达式结果为 false
逻辑运算符	！	逻辑非	！k 说明：如果 k 为 true，表达式结果为 false，否则表达式结果为 true
	&&	逻辑与	x && y 说明：如果 x、y 同时为 true，表达式结果为 true，否则只要 x、y 任何一个为 false 表达式结果即为 false
	‖	逻辑或	x ‖ y 说明：如果 x、y 同时为 false，表达式结果为 false，否则只要 x、y 任何一个为 true 表达式结果即为 true
条件运算符	？:	是 if-else 结构的缩写	表达式? 操作 1 : 操作 2 说明：如果表达式为 true 则执行操作 1，否则执行操作 2

3.2　表达式

由运算符、操作数和标点符号按照一定规则连接而成的式子，称为表达式。例如：

```
nNumber = 12;        //赋值表达式
x > y? x + y:x-y;     //条件运算表达式
```

需要说明的是，关系运算表达式和逻辑运算表达式的结果均为逻辑值，即 true 或 false。

4　流程控件语句

4.1　选择结构

4.1.1　if 语句

if 语句根据表达式的结果是 true 或 false 来确定是否要执行语句块，其基本语法格式如下：

```
if（表达式）
{
    语句块 1；
}
```

执行过程：如果"表达式"的值为 true，则执行"语句块 1"；否则不执行"语句块 1"。

4.1.2　if…else 语句

if…else 语句是一种更为常用的选择语句，其基本语法格式如下：

```
if（表达式）
{
    语句块 1；
}
else
{
    语句块 2；
}
```

执行过程：如果表达式的值为 true，则执行语句块 1；否则执行语句块 2。if...else 语句允许嵌套，但 else 总是与离它最近的可配对的 if 配对。

4.1.3　else if 语句

else if 语句是 if 语句和 if...else 语句的组合，可以实现多分支的判断，相比 if...else 语句的嵌套来说逻辑上更简单。其基本语法格式如下：

```
if（表达式 1）
{
    语句块 1；
}
else if（表达式 2）
{
    语句块 2；
}
......
[else
语句块 n；]
```

执行过程：如果表达式 1 的值为 true，则执行语句块 1；如果表达式 1 的值为 false，则跳过表达式 1 去判断表达式 2 的值。如果表达式 2 的值为 true，则执行语句块 2；否则判断表达式 3，依此类推。else if 语句之间并不构成嵌套关系，而是并列关系。

4.1.4　switch 语句

switch 语句可代替上述 else if 语句，实现多分支判断。其基本语法格式如下：

```
switch（表达式）
{
case 常量表达式 1：
    语句 1；
    break；
case 常量表达式 2：
    语句 2；
```

```
        break;
    ……
    case 常量表达式 n:
        语句 n;
        break;
    [default:
        语句 n + 1;
        break;]
}
```

执行过程：首先计算表达式的值，然后进入 case 结构，与常量表达式依此比较，若相等则执行对应的语句，然后退出 switch 结构，执行后续程序；如果表达式的值与任何一个常量表达式的值不相等，则执行 default 语句对应的语句。其中 default 语句可省略。

4.2　循环结构

循环结构是指在程序中从某处开始有规律地反复执行一段语句块的结构，这里将反复执行的语句块称为循环体。C#中的循环结构包括 while 语句、do…while 语句、for 语句和 foreach 语句。

4.2.1　while 语句

while 语句的基本语法格式如下：

```
while（表达式）
{
    循环体;
}
```

执行过程：首先判断表达式的值，当表达式为 true 时，反复执行循环体，直到表达式的值为 false 为止。

4.2.2　do…while 语句

do…while 语句的基本语法格式如下：

```
do{
    循环体;
}
while（表达式）;
```

执行过程：首先执行循环体，然后判断表达式的值，当表达式为 true 时，反复执行循环体，直到表达式的值为 false 时结束执行。

需要注意的是：do…while 语句与 while 语句的区别是，do…while 语句首先执行循环体，然后再判断表达式的值，while 语句与其相反。因此，在表达式值一开始就为 false 时，do…while 语句至少执行一次，而 while 语句一次也不执行。

4.2.3 for 语句

for 语句比 while 语句和 do…while 语句更灵活，应用更为广泛。其基本语法格式如下：

```
for(表达式1;表达式2;表达式3)
{
    循环体;
}
```

执行过程：

1）执行表达式1。

2）判断表达式2的值，如果表达式2为 true，则执行循环体，然后，计算表达式3的值，继续判断表达式2；如果表达式2为 false，则结束循环，执行 for 语句的后继语句。

4.2.4 foreach 语句

foreach 语句是 C#新增的循环语句，用于处理数组及集合等数据类型的操作。其基本语法格式如下：

```
foreach(数据类型 标识符 in 表达式集合)
{
    循环体;
}
```

5 C#的类

5.1 类的概念

类是一个抽象的概念，是具有相同特征的对象的集合。类的定义在附录 1.2.1 中已进行了举例，在此不再重复，这里仅对 C#中的访问修饰符，类的静态属性、动态属性和函数成员分别进行一说明。

5.1.1 C#中的访问修饰符

C#中常见的访问修饰符包括类修饰符和成员修饰符两大类。顾名思义，类修饰符用于限定类的访问权限；成员修饰符用于限定类的成员的访问权限。

类修饰符包括：public、internal、partial、abstract、sealed、static。

成员修饰符包括：public、protected、private、internal、sealed、abstract、virtual、override、readonly、const。

C#中常用的修饰符说明详见附录表4

附录表4 C#中常用的访问修饰符说明

修饰符	说 明
public	公有访问权限，由 public 修饰的类或类的成员可以被任何其他类访问
protected	保护访问权限，由 protected 修饰的成员只能在定义它的类及定义它的类的子类中访问

（续）

修饰符	说　　明
private	私有访问权限，由 private 修饰的成员只能在定义它的类中访问
abstract	抽象类型，由 abstract 修饰的类表示抽象类，一般作为其他类的基类使用，且不能实例化。由 abstract 修饰的方法表示抽象方法，表示该方法只有声明没有实现
internal	内部类型，由 internal 修饰的类或成员表示只有本程序集内的成员可以访问
sealed	密封类型，由 sealed 修饰的类表示该类不能够被继承，由 sealed 修饰的方法表示该方法不能被覆写

几点说明：

1）同一个类或方法定义中，同一类修饰符不能出现多次。

2）抽象类型修饰符 abstract 和密封类型修饰符 sealed 不能同时使用。

3）如果省略类修饰符，则默认为私有类型（private）。

5.1.2　类的静态属性

属性（或字段）可以看做类的静态数据成员，其定义格式如下：

> 访问修饰符 数据类型 属性名；

通常，类的静态属性设定为 private 访问权限，以包含保护类中的内部数据。

5.1.3　类的动态属性

类的动态属性通过 get 关键字和 set 关键字来实现。get 关键字用来定义读取属性的操作。set 关键字用来定义设置属性的操作。类的动态属性定义格式如下：

```
访问修饰符 属性类型 属性名
{
    get {    //可执行的操作
            }
    set {    //可执行的操作
            }
}
```

例如：为 Student 类设计的访问私有字段 strName 和 nAge 的属性 Name 和 Age。

```
public string Name
{
    get {return this. strName ;}      //获取 strName 字段
    set { this. strName = value;}     //设置 strName 字段
}
public int Age
{
    get {return this. nAge;}          //获取 nAge 字段
    set { this. nAge = value;}        //设置 nAge 字段
}
```

注意：一个属性可以既具有 get 操作，又具有 set 操作，或者只具有 get 操作或 set 操作。set 操作中的 value 是一个隐含参数，代表用户在进行设置操作时传递的值。

5.1.4　构造函数

类进行实例化时自动执行的函数称为构造函数。构造函数与类名相同，但没有返回值（无 void 关键字）。构造函数通常完成对类的实例（或称为对象）的初始化工作。

例如：定义 Student 类的构造函数。

```
//无参构造函数
public Student( )
{
}
//带有两个参数的构造函数
public Student( string _strName, int _nAge)
{
    this. strName = _strName;
    this. nAge = _nAge;
}
Student s1 = new Student( );  //调用无参构造函数
Student s2 = new Student( "张飞",20);  //调用带有两个参数的构造函数
```

几点说明：

1）构造函数可以重载。函数（或称为方法）的重载是指多个函数具有相同的函数名称，但参数不同，这些函数称为重载函数。重载函数的参数不同是指参数的个数不同或者参数的类型不同，如果仅仅是函数的返回值不同，不能构成重载函数。

2）如果没有定义构造函数，编译系统自动生成一个默认的构造函数（与例子中的无参构造函数相同）。

5.1.5　析构函数

与构造函数对应的还有一种特殊的函数——析构函数，用于完成释放类的对象时的"收尾"工作，其在撤消对象时自动执行。析构函数没有参数，没有返回值，没有访问修饰符，也不能进行重载。

析构函数的语法格式：

```
~类名();
```

5.2　类的方法

方法是类中用于执行计算或者进行其他操作的函数成员。

5.2.1　方法的定义

方法定义的格式如下：

```
方法修饰符 返回值类型 方法名([参数类型 参数名,…参数类型 参数名])
{
```

```
    方法体；
 }
```

几点说明：

1）如果省略方法修饰符，则默认为 private 类型。

2）如果方法没有返回值，则返回值类型必须是 void。

3）方法也可以重载。

4）方法前有 static 关键字，表示该方法是静态方法，归类所有。

5.2.2　方法的参数

调用方法时使用的参数称为实际参数（简称实参），方法定义中出现的参数称为形式参数（简称形参）。

C#方法中的参数主要有以下几种类型：值类型、引用类型、输出类型和参数数组类型。

1. 值类型

没有使用任何修饰符的参数称为值类型参数，值类型的参数表明实参和形参之间按值传递。

2. 引用类型

使用关键字 ref 修饰的参数称为引用类型参数，引用类型参数与值类型参数不同，引用类型参数不创建新的存储空间，实参和形参共享一个存储空间。

3. 输出类型

使用关键字 out 修饰的参数称为输出类型参数，与引用类型参数类似，该类型参数也不创建新的存储空间，但 out 参数只能用于从方法中传出值，而不能接收方法的实参值。

4. 参数数组类型

调用方法时，如果预先不确定参数的个数和类型，可以使用关键字 params 定义参数数组类型，且该类型的参数只能作为方法的最后一个参数。

5.2.3　方法的调用

静态方法的调用格式：类名.方法名（[参数列表]）；

非静态方法的调用格式：对象名.方法名（[参数列表]）；

5.3　常用的系统类

.NET 类库包含了丰富的类，如数据类型转换类、字符串操作类、日期和时间操作类。

5.3.1　数据类型转换类

数据类型转换类 Convert 位于 System 命名空间下，用于将一个基本数据类型转化为另一基本数据类型。支持的转化类型：Boolean、Char、SByte、Byte、Int16、Int32、Int64、UInt16、UInt32、UInt64、Single、Double、Decimal、DateTime 和 String。

其常用的方法如下：

ToBoolean（Value）：转换为布尔类型。

ToChar（Value）：转换为字符类型。

ToDateTime（Value）：转换为日期。

ToDouble(Value)：转换为双精度浮点数。

ToInt32(Value)：转换为 32 位整数。

ToInt64(Value)：转换为 64 位整数。

ToSingle(Value)：转换为单精度浮点数。

ToString(Value)：转换为字符串。

5.3.2　字符串操作类

常用的字符串操作类包括静态字符串 String 和动态字符串 StringBuilder，分别位于 System 和 System. Text 命名空间下。

1）静态字符串 String 常用的属性和方法有以下几种：

①Length：该属性返回字符串的长度。

②Trim(parmas char[ ]trimChars)：如果省略参数，表示将字符串前后的空白(包括空格、制表符和换行符)全部去掉；如果使用参数，则将字符串中出现的字符数组中的 Unicode 字符全部删除。

③Compare(string1, string2)：用于比较两个字符串对象，相等返回 0，不相等返回 1 或 -1，有 9 种重载方式。

④IndexOf (string SubString)：用于返回搜索的子串 SubString 在指定字符串中第一次出现的位置，字符串的起始位置记为 0，如果搜索不成功，返回 -1，有 9 种重载方式。

⑤LastIndexOf 方法与 IndexOf 方法类似，用于返回搜索的子串在指定字符串中最后一次出现的位置。

⑥SubString(start, length)：从字符串的 start 位置开始取 length 长度的字符串，如果省略第 2 个参数，则表示取从 start 位置开始后的所有字符。

⑦Replace(oldstring, newstring)：将字符串中的子串 oldstring 替换为另一个子串 newstring。

⑧Split(params char[ ]separator)：使用 separator 参数指定的分隔符将一个字符串分成若干个小的字符串。

⑨ToUpper( )：用于将字符串中的字符转换成大写。

⑩ToLower( )：用于将字符串中的字符转换成小写。

例如：

```
string s = " China" ;
String. Compare( s ," English" ) ;        //结果为-1,表示" China" < " English"
s. IndexOf( " i" ) ;                       //结果为2
s. SubString( 1 ,3) ;                      //结果为"hin"
string s = " China English Japan" ;
char[ ] c = { ' '} ;
string [ ] splitstring = new string[ 5] ;
splitstring = s. Split( c) ;
//结果为:splitstring[ 0] = " China" 、splitstring[ 1] = " English " 、splitstring[ 2] = " Japan"
```

2）动态字符串 StringBuilder。与 String 不同的是，StringBuilder 类可以实现动态字符串操作，即在对字符串进行操作时，系统不需要开辟新的空间，而是直接在原 StringBuilder 对象基础上进行操作。

需要使用 new 关键字实例化 StringBuilder 对象，且 StringBuilder 类有多个重载构造函数。例如：

```
StringBuilder mystringbuilder = new StringBuilder(100);
```

该例子的功能是：初始化对象 mystringbuilder 并设定可以接纳字符的容量为 100。

常用的方法有以下几种：

①Append 方法：用于实现追加功能，有多个重载形式。

②Remove 方法：用于从当前字符串中指定位置删除一定长度的字符。

例如：

```
mystringbuilder. Append("CHINA");        // mystringbuilder 中存储的字符串为"CHINA"。
StringBuilder mystringbuilder = new StringBuilder("CHINNNA");
mystringbuilder. Remove(3,2);            // mystringbuilder 中存储的字符串为"CHINA"。
```

5.3.3　DateTime 类

DateTime 类位于 System 命名空间下，该空间提供了许多处理 DateTime 值的方法和属性。DateTime 类常用的方法如下：

1）Compare(datetime1, datetime 2)：用于比较 datetime 1 和 datetime 2 两个日期，如果相等，返回 0；如果 datetime 1 比 datetime 2 小，返回负数；如果 datetime 1 比 datetime 2 大，则返回正数。

2）ToLongDateString()：将 DateTime 值转换为长日期格式的字符串。

3）ToShortDateString()：将 DateTime 值转换为短日期格式的字符串。

4）ToLongTimeString()：将 DateTime 值转换为长时间格式的字符串。

5）ToShortTimeString()：将 DateTime 值转换为短时间格式的字符串。

DateTime 类常用的属性如下：

1）Date：用于获取给定时间的日期信息。

2）Day：用于获取给定日期中的日的值（如 12 月 20 日中的 20）。

3）DayOfYear：用于获取给定日期是当年中第几天（如 12 月 30 日是当年的第 364 天）。

4）DayOfWeek：用于获取给定日期的星期值，0 表示星期日，1 表示星期一，依此类推。

5）Hour：用于获取给定时间的小时数。

6）Minute：用于获取给定时间的分钟数。

7）Month：用于获取给定时间的月份。

8）Now：用于获取系统当前日期和时间。

9）Second：用于获取给定时间的秒数。

10）TimeOfDay：用于获取给定时间的时间信息。

11）Year：用于获取给定时间的年份。

5.3.4 随机类

C#的随机类 Random 位于 System 命名空间下，用于产生随机数序列。其常用的方法如下：

1）Next 方法，用于生成随机数，其有 3 种重载形式：

➤ Next()方法用于生成一个非负随机数。

➤ Next(maxValue)用于生成一个小于 maxValue 值的非负随机数。其中，maxValue 大于等于 0。

➤ Next(minValue，maxValue)用于生成一个大于等于 minValue 且小于 maxValue 值的随机数。其中，maxValue 大于等于 minValue。

2）NextDouble 方法，用于生成一个介于 0.0～1.0 之间的 double 类型的随机数。

使用随机类时，首先需要实例化一个随机类对象，再调用相应的方法生成随机数。

例如：

```
Random r = new Random();      //实例化随机类对象
int n = r. Next();            //生成非负随机数
```

5.3.5 数学操作类

数学操作类 Math 位于 System 命名空间下。Math 类常用的方法如下：

Abs(number)：返回一个数的绝对值。

Sqrt(number)：返回一个数的平方根。

Max(number1，number2)：返回两个数的最大值。

Min(number1，number2)：返回两个数的最小值。

6 异 常 处 理

6.1 异常类

异常是当程序发生错误时产生的一种信号，如数据库连接错误、数据溢出、IO 错误等。System. Exception 类是异常类的基类，由它可派生出多个异常类。C#中常用的异常类包括：

1）ArithmeticException：数学计算错误，由于数学运算导致的异常，覆盖面广。

2）DivideByZeroException：被零除异常。

3）FormatException：参数的格式不正确。

4）IndexOutOfRangeException：索引超出范围，小于 0 或比最后一个元素的索引还大。

5）IOException：输入/输出异常。

6.2 异常处理机制

C#提供了异常处理机制，允许设计者使用 try…catch…finally 块捕获并处理异常，finally 块可省略。

其语法格式为：

```
try {
      可能存在异常的程序段
}
catch(处理的异常类型) {
      错误处理代码
}
[ finally
{
      无论如何都会执行的代码
} ]
```

执行过程：首先执行 try 中的程序段，如果出现异常则进入 catch 块内执行错误处理代码，如果定义了 finally 块，程序无论是否进入 catch 块，都要执行 finally 块中的代码，finally 块中通常存放诸如关闭数据库连接之类的代码。

参 考 文 献

[1] 明日科技. ASP. NET 2. 0 开发技术大全[M]. 北京：人民邮电出版社，2008.

[2] 张恒杰，张红瑞. ASP. NET 动态网站开发[M]. 北京：中国劳动社会保障出版社，2010.

[3] 刘艳丽，张恒. ASP. NET 4. 0 Web 程序设计[M]. 北京：人民邮电出版社，2012.

[4] 李锡辉，王樱，等. ASP. NET 网站开发实例教程[M]. 北京：清华大学出版社，2011.

[5] 尤峥. 数据库原理与应用[M]. 武汉：武汉大学出版社，2008.